高等院校"十三五"规划教材——Python系列
国家精品在线开放课程"数据科学导论"配套建设教材

启迪数字学院
Tus College of Digit

启迪数字学院系列规划教材

INTRODUCTION TO DATA SCIENCE

微课版

数据科学导论
基于Python语言

朝乐门◎编著

U0358793

人民邮电出版社
北　京

图书在版编目（CIP）数据

数据科学导论：基于Python语言：微课版 / 朝乐门编著. -- 北京：人民邮电出版社，2021.1
高等院校"十三五"规划教材. Python系列
ISBN 978-7-115-54820-7

Ⅰ. ①数… Ⅱ. ①朝… Ⅲ. ①软件工具—程序设计—高等学校—教材 Ⅳ. ①TP311.561

中国版本图书馆CIP数据核字(2020)第168619号

内 容 提 要

　　本书重点讲解数据科学的核心理论与实践应用。全书共 7 章，主要介绍数据科学的基础理论、统计学与模型、机器学习与算法、数据可视化、数据加工、大数据技术、数据产品开发及数据科学中的人文与管理等内容。本书内容通俗易懂，深入浅出，便于读者理解。

　　本书可作为数据科学与大数据技术、大数据管理与应用、计算机科学与技术、管理科学与工程、工商管理、数据统计、数据分析、信息管理与信息系统、商业分析等多个专业的教材，也可作为数据科学从业人士的参考用书。

◆ 编　著　朝乐门
　　责任编辑　孙燕燕
　　责任印制　周昇亮
◆ 人民邮电出版社出版发行　　北京市丰台区成寿寺路 11 号
　　邮编　100164　电子邮件　315@ptpress.com.cn
　　网址　https://www.ptpress.com.cn
　　涿州市京南印刷厂印刷
◆ 开本：787×1092　1/16
　　印张：13.25　　　　　　　　2021 年 1 月第 1 版
　　字数：274 千字　　　　　　　2024 年 8 月河北第 7 次印刷

定价：42.00 元
读者服务热线：(010)81055256　印装质量热线：(010)81055316
反盗版热线：(010)81055315
广告经营许可证：京东市监广登字 20170147 号

作为一门新兴的通识类课程,"数据科学导论"(也称大数据导论)课程不仅是大数据相关专业的必修课程,而且是多数传统专业亟待开设的基础课程。然而,要想开设该课程,不仅需要较好的教师资源,还需要有对应的优质教材作为支撑。《数据科学导论——基于 Python 语言(微课版)》就是一本极具特色的优质教材,非常适合作为高等院校本专科大数据相关专业和许多传统专业的教材。该书特色如下。

(1)内容新颖,前瞻性强。本书不仅广泛借鉴了世界顶尖大学的教材及课程建设经验,反映了国内外数据科学领域的最新进展,而且根据我国数据科学教育的实际需要对课程进行了顶层设计,较好地体现了数据科学领域的核心理论和典型实践,具有很强的前瞻性。

(2)形式独特,系统性强。本书逻辑严谨,突破简单汇编式的写法,通过对数据科学的知识体系及其系统的解读,以及一些具有代表性的新知识的介绍,如数据洞察、数据产品开发、数据加工、大数据偏见和数据故事化描述等,系统地阐释了数据科学的相关知识。

(3)理论与实践结合,可读性强。本书重视数据科学理论和 Python 编程实践的内在联系,在每章的开始和结尾之处分别给出"本章学习提示及要求"和"继续学习本章知识"板块,并以图表、案例、注解和 Python 代码形式解读书中的重点和难点,具有较强的可读性,有助于培养学生的学习信心与兴趣。

（4）配套资源齐全，获取方便。用书教师不仅可在人邮教育社区免费下载相关教学资源，如教学课件、习题答案、教学大纲、电子教案、模拟试卷等，也可通过 GitHub 等开源平台，与全国同行自由分享和共同维护课程资源。

作为数据科学领域的先行者和开拓者之一，朝乐门老师长期以来专注于数据科学与大数据技术方面的研究，在数据科学理论与实践方面做出了诸多有益探索。《数据科学导论——基于 Python 语言（微课版）》是他的又一力作，展示了编者的坚实理论功底和对数据科学的独到见解，确实是一本难得的好教材。

北京大学　陈钟

2020 年 10 月

前言

教材质量是学好一门课程的关键因素。一本优质教材需要符合当前及未来一段时间内的人才需求，能够全面、准确地阐述本学科专业的基本理论、基本方法和学术体系，做到理论联系实际；同时，该教材必须结构严谨、逻辑性强、体系完备，能够反映教学内容的内在联系、发展规律及学科专业特有的思维方式，凸显创新性和学科特色，富有启发性，有利于激发读者的学习兴趣和创新潜能。而这就是编者编写本教材的初心。

教材及课程简介

优质教材的形成是一个漫长的不断完善和反复打磨的过程。本教材是编者长期从事数据科学与大数据相关的教学一线经验和科学研究的经验，以及应邀担任企事业单位数据科学家或大户数据顾问的经验积累。本教材在正式出版之前，已在中国人民大学本科课程、第一批建设课程"数据科学导论"的教学之中使用，并在此基础上进行反复打磨，具有一定的实用性。

优质教材的结构设计与知识点选择必须与世界顶尖大学的教材建设等接轨。本教材结合党的二十大精神，不仅吸收了国际一流大学及国外相关领域的最新进展，而且充分体现了我国人才培养的需要及未来社会人才需求的基本要求。这是本教材区别于其他教材的重要特征。

优质教材是多方人员共同努力的成果。启迪数字学院及本教材专家委员会对教材的撰写工作提供了大力支持；本教材还得到了"阿里云产学合作协同育人项目"支持，在此特别感谢阿里云计算有限公司；中国人民大学张晨、孙智中、王锐、冀佳钰、师兵范、彭子健、陈超柏、赵霞等参与了本教材的校对及配套资源的建设工作。中国人民大学"数据科学导论"课程、教育部高等学校计算机类专业教学指导委员会"数据科学系列课程教学高级研修班"、全国高校大数据教育联盟"数据科学与大数据技术师资培训班"的学员以及编者带领的团队为本教材的结构设计给出了有益的反馈和建议。另外，很多专家、同人的优秀研究成果成为本教材的依据和素材，在此一并表示感谢。

优质教材还需要提供丰富的配套资源并持续对其进行更新。本教材按编者于 2017年发起的"开源课程（Open Source Courses）倡议"开源配套资源，包括课程简介、教学大纲、教学方案、PPT、习题参考答案、所有例题的 Python 源代码、配套数据集及勘误信息等。用书教师索取资源，可通过访问人邮教育社区（www.ryjiaoyu.com）免费下载。如有疑问，读者也可以通过电子邮件 chaolemen@ruc.edu.cn 联系编者或加入人邮 Python 教学 QQ 交流群：815172169 联系编辑。

最后，希望本书能够给予读者一定的启发和帮助！

朝乐门

中国人民大学

第 **1** 章　数据科学的基础理论

本章学习提示及要求

了解：

- 大数据时代的本质及数据科学的意义。
- 数据科学的常用工具。
- 数据科学的相关应用。

理解：

- 数据科学的人才类型及其主要职责。
- 数据科学与其他学科的区别与联系。

掌握：

- 大数据和数据科学的定义与特征。
- 数据科学的知识体系。

熟练掌握：

- 数据科学的基本流程。

数据科学的
基础理论

1.1　为什么要学习数据科学

大数据时代的本质是"数据富足供给（Data-enriched Offerings）时代"。在大数据时代到来之前，人类进行数据采集、存储、计算、管理、分析、开发、利用的能力非常有限或成本过高，**数据一直是相对稀缺的资源，属于"数据稀缺（Data poor）时代"**。然而，云计算、移动互联网、传感器的普遍应用，使数据采集和计算的成本大幅下降，从 2013 年开始，数据不再是稀缺资源，人类开始进入大数据时代——"数据富足供给时代"，如图 1-1 所示。

"大数据"主要指在云计算、物联网、移动互联网、传感器，以及大型科学和观测仪器等新技术环境下产生的"新数据"。上述新技术的普及正在改变我们所面对的数据，数据不再是我们"熟悉"的数据，而是具有数据量大、类型多、价值密度低、速度快等新特征的"新数据"，如图 1-2 所示。

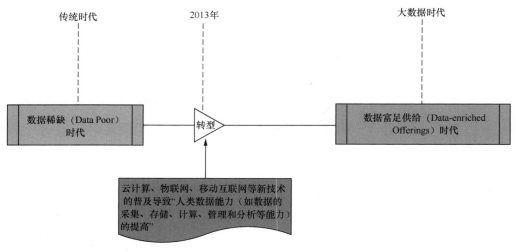

图 1-1 大数据时代的到来

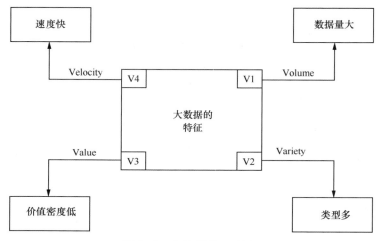

图 1-2 大数据的 4V 特征

 知识链接

大数据（Big Data）的定义

（1）Gartner 的定义。大数据指无法使用传统流程或工具处理或分析的信息，是需要新处理模式才能具有更强的决策力、洞察发现力和流程优化能力的海量、高增长率和多样化的信息资产。

（2）国家标准 GB/T 35295—2017《信息技术 大数据 术语》中的定义。大数据指具有体量大、来源多样、生成极快且多变等特征并且难以应用传统数据体系机构有效处理的包含大量数据集的数据。

（3）IBM 的定义。大数据是拥有以下 4 个共同特征中任意一个的数据源：数据量大、速度快、价值密度低、类型多。

然而，"大数据"问题或现象已经远远超出了我们已掌握的传统知识对其进行的解释和解决能力的范畴。也就是说，大数据时代的到来亟待我们升级和更新自己的"知识"结构。目前，包括计算机科学、医疗健康、材料、新闻等诸多领域都从各自的学科视角探索大数据挑战及解决方案，但不同学科对大数据的研究都有各自的侧重点和局限性，并不是全面系统地解读大数据时代。

各学科对大数据的研究有没有共同之处或相互借鉴的地方？各学科对大数据的研究的主要特点、主要挑战，以及其未来发展趋势什么？大数据时代到底出现了哪些新的理论和新的实践？如果想全面了解大数据时代的新理念、理论、方法、技术、工具、案例和实践，需要学习什么？回答上述问题，需要我们学习和研究一门新学科——数据科学，因为上述问题的答案都在"数据科学"这一新学科中。

 知识链接

如何获得"大数据"

除了利用网络爬虫收集数据、生成数据和存储部门供给数据之外，我们还可以通过以下方式获得大数据。

（1）统计数据
- 各类统计年鉴
- 统计数据库
- 统计学领域论文或书籍中的数据集

（2）机器学习
- UCI（UC Irvine Machine Learning Repository，加州大学欧文分校机器学习库）
- Delve 数据集

（3）竞赛平台
- Kaggle 平台
- KDD 杯竞赛平台
- DrivenData 平台

（4）政府网站
- 美国政府公开的数据集
- 美国交通事故数据集
- 美国空气质量数据集
- 印度政府公开的数据集

- 英国政府公开的数据集
（5）企业或公益机构网站
- Amazon Web 服务(Amazon Web Services，AWS)数据集
- Google 数据集及 Google 数据集搜索功能
- Youtube Labeled Video 数据集
- NASA 数据集
- 世界银行数据集
- 纽约出租车数据集
（6）其他
- R 包中的数据集
- Python 包中的数据集

1.2 数据科学的定义

大数据时代的到来催生了一门新科学——数据科学。数据科学（Data Science，DS）指以数据为中心的科学。我们可以从以下 4 个方面理解"以数据为中心的科学"的含义。

（1）数据科学是一门将"现实世界"映射到"数据世界"之后，在"数据层次"上研究"现实世界"的问题，并根据"数据世界"的分析结果，对"现实世界"进行预测、洞见、解释或决策的**新兴科学**。

（2）数据科学是一门以"数据"，尤其是以"大数据"为研究对象，并以数据统计、机器学习、数据可视化等为理论基础，主要研究数据预处理、数据管理、数据计算等活动的**交叉性学科**。

（3）数据科学是一门以实现"从数据到信息""从数据到知识"和（或）"从数据到智慧"的转化为主要研究目的的，以"数据驱动""数据业务化""数据洞见""数据产品研发"和（或）"数据生态系统的建设"为主要研究任务的**独立学科**。

（4）数据科学是一套以"数据时代"，尤其是以"大数据时代"面临的新挑战、新机会、新思维和新方法为核心内容的，包括新的理论、方法、模型、技术、平台、工具、应用和最佳实践在内的**知识体系**。

 知识链接

数据科学的主要发展里程碑

- 1974 年，彼得·诺尔（Peter Naur）的专著 *Concise Survey of Computer Methods* 中首次出现术语"数据科学"，这是"数据科学"首次出现在学术专著中。

- 2001 年，当时在贝尔实验室工作的威廉·S·克利夫兰（William S. Cleveland）在期刊 *International Statistical Review* 发表了题为 "*Data Science: An Action Plan for Expanding the Technical Areas of the Field of Statistics*" 的论文，首次在学术论文中专门探讨了数据科学。

- 2003 年，国际科学理事会（The International Council for Science，ICSU）的科学技术数据委员会（the Committee on Data for Science and Technology，CODATA）出版了第一本以 "数据科学" 命名的学术期刊《数据科学学报》（*The Data Science Journal*）。

- 2009 年，特洛伊·萨科斯基（Troy Sadkowsky）等在 LinkedIn 上组建了第一个数据科学家群——数据科学家群组（The Data Scientists Group）。

- 2010 年，德鲁·康韦（Drew Conway）提出了第一个揭示数据科学理论基础的维恩图——数据科学维恩图（The Data Science Venn Diagram）。

- 2011 年，帕蒂尔（D J Patil）出版了专著《构建数据科学团队》（*Building data science teams*），深入讨论了如何组建数据科学家团队问题。

- 2012 年，数据科学应用于美国总统大选的预测工作，受到广泛关注；达文波特（Davenport T H）和帕蒂尔（Patil D J）在《哈佛商业评论》（*Harvard Business Review*）上发表了题目为《数据科学家》（*Data scientist*）的论文；舒特（Schutt R）在哥伦比亚大学（Columbia University）开设第一门数据科学课程 "数据科学导论"（*Introduction to Data Science*）。

- 2013 年，马特曼（Mattmann C A）在《自然》（*Nature*）上发表题目为 "计算：数据科学的愿景"（*Computing: A vision for data science*）的论文，达尔（Dhar V）在《美国计算机协会通讯》（*Communications of the ACM*）上发表论文 "数据科学与预测"（*Data science and Prediction*），普罗沃（Provost F）和福塞特（Fawcett T）出版了专著《面向商业的数据科学：您需要了解的有关数据挖掘和数据分析思维的知识》（*Data Science for Business: What you need to know about data mining and data-analytic thinking*），迈耶-舍恩伯格（Mayer-Schönberger V）和丘吉尔（Cukier K）出版了专著《大数据：一场将改变我们的生活、工作和思维方式的革命》（*Big data: A Revolution That Will Transform How We Live, Work, and Think*），舒特（Schutt R）和奥尼尔（O'Neil C）出版专著《数据科学实践》（*Doing Data Science*）。

- 2014 年，祖梅尔（Zumel N）、牟恩特（Mount J）、波尔扎克（Porzak J）等出版了专著《R 实用数据科学》（*Practical data science with R*），较系统地介绍了如何运用 R 语言开展数据科学工作。

- 2015 年，美国白宫任命 DJ Patil 为首席数据科学家；Lillian Pierson 出版专著《数据科学的傻瓜用书》（*Data Science for Dummies*）；Monya Baker 在《自然》

（*Nature*）杂志上发表论文"数据科学——产业诱惑（*Data Science:Industry allure*）"。密歇根大学（University of Michigan）于 2015 年 9 月宣布了一项耗资 1 亿美元的"数据科学计划"。

- 2016 年，北京大学、对外经济贸易大学、中南大学成为我国首次获批数据科学与大数据技术专业的院校。在国外，截至 2016 年，纽约大学、加州大学伯克利分校、约翰·霍普金斯大学、华盛顿大学、斯坦福大学、卡内基梅隆大学、哥伦比亚大学、伦敦城市大学等国际一流学校已开展数据科学专业教育；同年，中国人民大学朝乐门老师出版了中国第一部系统阐述数据科学原理、方法与技术的专著——《数据科学》。

- 2017 年，斯坦福大学 David Donoho 教授的论文《数据科学的五十年（*50 Years of Data Science*）》正式发表。2017 年 11 月的统计显示，国外数据科学专业的本科、硕士和博士学位项目分别已达到 5601 项、4179 项和 301 项，主要分布在美国、英国、澳大利亚、加拿大、德国和意大利等国家。Gartner 将自己的年度研究报告"高级分析平台魔力象限（*Magic Quadrant for Advanced Analytics Platforms*）"改名为"数据科学平台魔力象限（*Magic Quadrant for Data Science Platforms*）"（注：该报告的名称自 2018 年又微调为"数据科学与机器学习平台魔力象限（*Magic Quadrant for Data Science and Machine-Learning Platforms*）"。

- 2019 年，麻省理工学院出版社和哈佛大学数据科学计划（Data Science Initiative）联合启动了"哈佛数据科学评论（Harvard Data Science Review，HDSR）"。

1.3 数据科学的知识体系

从知识体系看，数据科学主要以统计学、机器学习、数据可视化为理论基础，其主要研究内容包括数据科学基础理论、数据加工、数据计算、数据管理、数据分析和数据产品开发等研究内容，进而解决各领域中的需求与挑战，如图 1-3 所示。

（1）**基础理论**。基础理论主要包括数据科学中的新理念、理论、方法、技术及工具，以及数据科学的研究目的、理论基础、研究内容、基本流程、主要原则、典型应用、人才培养、项目管理等。需要特别提醒的是，"基础理论"与"理论基础"是两个不同的概念。数据科学的"基础理论"在数据科学的研究边界之内，而其"理论基础"在数据科学的研究边界之外，是数据科学的理论依据和来源。

（2）**数据加工**。数据加工（Data Wrangling 或 Data Munging）是数据科学中关注的新问题之一，是以提高数据质量、降低数据计算的复杂度、减少数据计算量，以及提高数据处理的准确度为目的。数据科学项目需要对原始数据进行一系列加工处理活动，主要包括数据审计、数据清洗、数据变换、数据集成、数据脱敏、数据规整化和数据标注等。值得一提的是，与传统数据处理方式不同，数据科学中的数据加工更加强调数据处理过程中的增值活动，即如何将数据科学家的创造性设计、批判性思考和好奇性提问融入数据的加工过程。

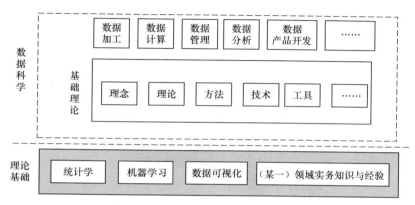

图 1-3　数据科学的知识体系

（3）**数据计算**。在数据科学中，计算模式发生了根本性的变化——从集中式计算、分布式计算、网格计算等传统计算过渡至云计算。比较有代表性的是 Google 的三大云计算技术（GFS、BigTable 和 MapReduce）、Hadoop MapReduce、Spark 和 YARN 等新技术的出现。数据计算模式的变化意味着数据科学中所关注的数据计算的常见瓶颈、关注焦点、主要矛盾和思维模式发生了根本性变化。

（4）**数据管理**。在完成"数据加工"和"数据计算"之后，还需要对数据进行管理与维护，以便再次进行"数据分析"以及数据的再利用和长久存储。在数据科学中，数据管理的方法与技术也发生了重要变革——不仅包括传统关系型数据库，也出现了一些新兴大数据管理技术，如 NoSQL、NewSQL 技术和关系云等。

（5）**数据分析**。数据科学中采用的数据分析方法具有较为明显的专业性，通常以开源工具为主，这与传统数据分析有着较为显著的差异。目前，R 和 Python 已成为数据科学家最为普遍应用的数据分析工具。因此，本书编程实践部分均采用了 Python，帮助读者积累数据科学的实战经验。

（6）**数据产品开发**。需要注意的是，"数据产品"在数据科学中具有特殊的含义——基于数据的产品的统称。数据产品开发是数据科学的重要研究任务之一，也是数据科学区别于其他科学的重要研究任务。与传统产品开发不同的是，数据产品开发具有以数据为中心，多样性、层次性和增值性等特征。数据产品开发能力也是数据科学家的主要竞争力之一。因此，数据科学的学习目的之一是提高自己的数据产品开发能力。

从知识体系各组成要素的功能以及其他组成要素之间的内在联系的角度看，数据科学的知识体系如图 1-4 所示。本章主要讲解的是数据科学的基础理论。

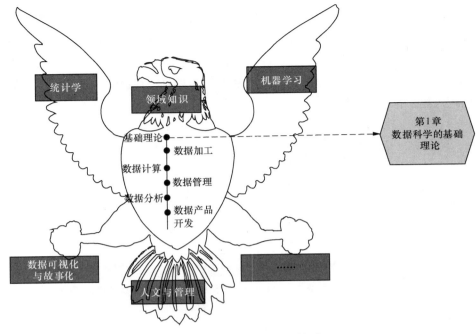

图 1-4　数据科学的知识体系

1.4　数据科学的基本流程

数据科学的基本流程如图 1-5 所示，主要包括数据化、数据加工、数据规整化、探索型数据分析、数据分析与洞见、结果呈现，以及数据产品的提供。

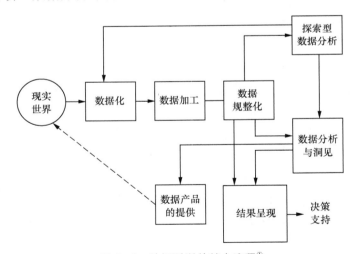

图 1-5　数据科学的基本流程[①]

（1）**数据化**。数据化（Datafication）指捕获人们的生活、业务或社会活动等，并

---

① 本图基于 Schutt R 和 O'Neil C 的数据科学流程提出。

将其转换为数据的过程。例如，Google 眼镜正在数据化人们的视觉活动，Twitter 正在数据化人们的思想动态，LinkedIn 正在数据化人们的职场社交关系。近年来，随着云计算、物联网、智慧城市、移动互联网、大数据技术的广泛应用，数据化正在成为大数据时代的重要过程，是数据高速增长的主要推动因素之一。

① 纽约证券交易所（The New York Stock Exchange）每天生成 4～5TB 的数据。

② Illumina 的 HiSeq 2000 测序仪（Illumina HiSeq 2000 Sequencer）每天可以产生 1TB 的数据，大型实验室拥有几十台类似的 LSST 望远镜（Large Synoptic Survey Telescope）每天可以生成 40TB 的数据。

③ Facebook 每个月的数据增量已达到 7PB。

④ 瑞士日内瓦附近的大型强子对撞机（Large Hadron Collider）每年产生约 30PB 的数据。

⑤ 截至 2016 年 10 月，互联网档案馆（Internet Archive）项目已存储超过 15PB 的数据。

 知识链接

量化自我（Quantified Self, QS）

量化自我是数据化运动的一种表现形式，指人们在日常生活中通过可穿戴智能设备（如智能手环、手表、手机等）记录自己的运动、睡眠、饮食、社交、情绪、体重、热量消耗、心跳、血压、地理位置等数据，以便跟踪与改善自己的健康状况，如图 1-6 所示。

图 1-6 量化自我

需要注意的是，"量化自我"和专业医疗中采用的"精准测量身体数据"是两个不同的概念，前者侧重的是通过"可穿戴智能设备"记录人们的日常生活中的身体状况数据，目的不在于进行疾病治疗。近年来，可穿戴智能设备越来越多，比较有代表性的是 Apple 的 iWatch 智能手表、Goolge 眼镜、Sony 头盔显示器、NIKE HyperAdap 运动鞋等。

（2）**数据加工及规整化处理**。数据加工的本质是将低层次数据转换为高层次数据。从加工程度看，数据可以分为 0 次、1 次、2 次、3 次数据。在与数据加工相关的概念中，有两个术语容易混淆，应予以区分，如图 1-7 所示。

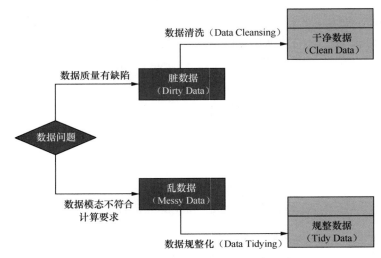

图 1-7　干净数据与规整数据的区别

① **干净数据**（Clean Data）是相对于"脏数据（Dirty Data）"的一种说法，主要的评价标准是数据质量，如是否存在缺失值、错误值或噪声信息等。通常，数据科学家采用数据审计方法判断数据是否"干净"，并使用数据清洗（Data Cleansing）的方法将"脏数据"加工成"干净数据"。

② **规整数据**（Tidy Data）是相对于"乱数据（Messy Data）"的一种说法，主要的判断标准是数据的形态是否符合计算与算法要求。需要注意的是，"乱数据"并不代表数据的质量，它是从数据形态角度对数据进行分类。也就是说，"乱数据"也可以是"干净数据"。通常，数据科学家采用数据的规整化处理（Data Tidying）的方法将"乱数据"加工成"规整数据"。在数据科学中，需要注意"数据加工"的两个基本问题。第一，数据科学中对数据加工赋予了新含义——将数据科学家的 3C 精神融入数据加工过程中，数据加工应该是一种增值过程。因此，数据科学中的数据加工不等同于传统数据工程中的"数据预处理"和"数据工程"。第二，数据加工往往会导致信息丢失或扭曲现象。因此，数据科学家需要在数据复杂度和算法健硕/健壮性之间寻找平衡。

（3）**探索型数据分析**。探索型数据分析（Exploratory Data Analysis，EDA）指对已有的数据（特别是调查或观察得来的原始数据）在尽量少的先验假定下进行探索，并通过作图、制表、方程拟合、计算特征量等手段探索数据的结构和规律的一种数据分析方法。当数据科学家对数据及其相关业务没有足够的经验，且不确定应该采用何种传统统计方法进行分析时，经常通过探索型数据分析方法达到数据理解的目的。

（4）**数据分析与洞见**。在数据理解的基础上，数据科学家设计、选择或应用具体的机器学习算法、统计模型进行数据分析。图 1-8 给出了数据分析的 3 个基本类型及其内在联系。

① **描述性分析**：一种将数据转换为信息的分析过程。

② **预测性分析**：一种将信息转换为知识的分析过程。

③ **规范性分析**：一种将知识转换为智慧的分析过程。

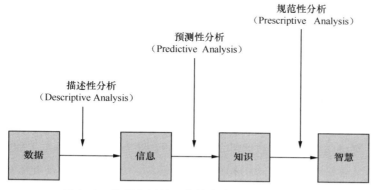

图 1-8 数据分析的 3 个基本类型及其内在联系

（5）**结果呈现**。在机器学习算法/统计模型的设计与应用的基础上，采用数据可视化、故事化描述等方法将数据分析的结果展示给最终用户，进而达到决策支持和提供产品的目的。

（6）**数据产品的提供**。在机器学习算法/统计模型的设计与应用的基础上，还可以进一步将"规整数据和域分析/洞察结果"转换成各种"数据产品"，并提供给"现实世界"，方便交易与消费。

1.5 数据科学与其他学科的区别

1.5.1 学科定位

数据科学处于数学与统计知识、3C 精神与技能、领域实务三大领域的交叉点，如图 1-9 所示。

（1）"数学与统计知识"是数据科学的主要理论基础之一。但是，**数据科学与（传统）数学和统计学是有区别的**，主要体现在以下 4 个方面。

① 数据科学中的"数据"并不仅仅是"数值"。

② 数据科学中的"计算"并不仅仅是加、减、乘、除等"数学计算"，还包括数据的查询、挖掘、洞见、分析、可视化等更多类型。

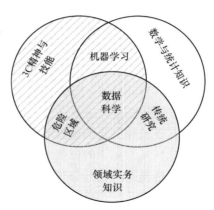

图 1-9　数据科学与其他学科的关系

③ 数据科学关注的不是"单一学科"的问题，而是涉及多个学科（统计学、计算机科学等）的研究范畴，更加强调跨学科视角。

④ 数据科学并不仅是"理论研究"，也不是纯"领域实务知识"，它更关注和强调理论研究与领域实务知识的结合。

（2）"3C 精神与技能"是数据科学家的素质和能力要求。与数据工程师不同的是，数据科学家不仅需要掌握理论知识和具有实践能力，还需要具备良好的精神素质——3C 精神，即创造性地做事（Creative Working）、批判性地思考（Critical Thinking）、好奇性地提出问题（Curious Asking），如图 1-10 所示。例如，美国白宫第一任数据科学家帕蒂尔（DJ Patil）提出了数据柔术（Data Jujitsu）的概念，并强调将数据转换为产品过程中的"艺术性"——需要将数据科学家的 3C 精神融入数据分析与处理工作。

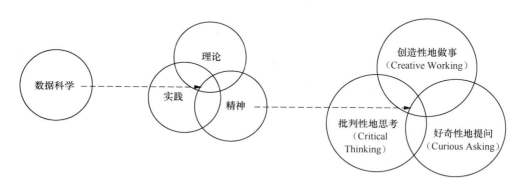

图 1-10　数据科学的"3 个要素"及"3C 精神"

（3）"领域实务知识"是对数据科学家的特殊要求——不仅需要掌握数学与统计知识以及具备 3C 精神与技能，还需要精通某一个特定领域的实务专长。领域实务专长具有显著的领域性，不同领域的领域实务，其知识也不同。

① 数据科学家不仅需要掌握数据科学本身的理论、方法、技术和工具，而且需要掌握特定领域的知识与经验（或领域专家需要掌握数据科学的知识）。

② 在组建数据科学项目团队时，必须重视领域专家的参与，因为来自不同学科领域的专家在数据科学项目团队中往往发挥着重要作用。

总之，数据科学并不是以一个特定理论（如统计学、机器学习和数据可视化）为基础发展起来的，而是以包括数学与统计学、计算机科学与技术、数据工程与知识工程、特定学科领域的理论在内的多个理论相互融合后形成的。

1.5.2 研究视角

从研究视角看，在大数据时代，人们对数据的认识与研究视角发生了新变革——从"我们能为数据做什么？"转变为"数据能为我们做什么？"。传统理论主要关注的是"我能为数据做什么？"。传统的数据工程、数据结构、数据库、数据仓库、数据挖掘等数据相关理论中特别重视数据的模式定义、结构化处理、清洗、标注、抽取/转换/加载（Extract Transform Load，ETL）等活动，它们均强调的是如何通过人的努力来改变数据，使数据变得更有价值或更便于后续处理与未来利用。

但是，数据科学强调的是另一个研究视角——"数据能为我们做什么？"。具体来讲，数据科学主要关注的问题包括以下几方面。（1）大数据能为我们进行哪些辅助决策或决策支持？（2）大数据能为我们带来哪些商业机会？（3）大数据能为我们降低哪些不确定性？（4）大数据能为我们提供哪些预见？（5）大数据中能否发现一些潜在的、有价值的、可用的新模式？总之，在大数据时代，人们认识人与数据关系的视角有两种，即"我们能为数据做什么？"和"数据能为我们做什么？"，而数据科学更加强调的是后者——"数据能为我们做什么？"，如图1-11所示。

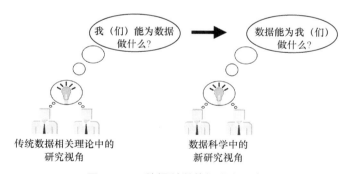

图1-11 数据科学的新研究视角

研究视角的转移（或多样化）是数据科学与传统数据相关的课程（如数据工程、数据结构、数据库、数据仓库、数据挖掘）的主要区别所在。大数据时代出现的很多新术语，如"数据驱动""数据业务化""以数据为中心""让数据说话""数据柔术"等，均强调的是数据科学的这一独特视角。

1.5.3 研究范式

数据科学强调的是"用数据直接解决问题"，而不是将"数据"转换为"知识"

之后，用"知识"解决问题。例如，传统意义上的自然语言理解和机器翻译往往以统计学和语言学知识为主要依据，属于"知识范式"。但是，当数据量足够大时，我们可以通过简单的"数据洞见（Data Insights）"操作，找出并评估历史数据中已存在的翻译记录，这同样可以实现与传统"知识范式"相当的智能水平，如图 1-12 所示。

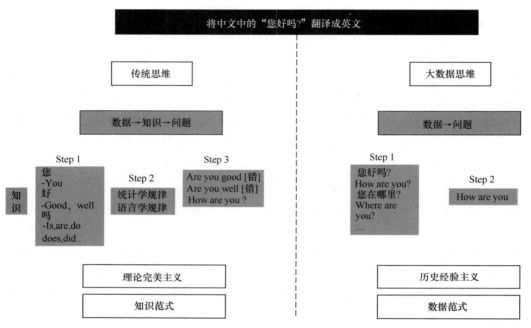

图 1-12　数据范式与知识范式的区别

图灵奖获得者吉姆·格雷（Jim Gray）提出的科学研究第四范式——数据密集型科学发现（Data-intensive Scientific Discovery）是数据科学的核心理论之一。大数据时代的到来，在我们的"精神世界"和"物理世界"之间出现了一种新的世界——"数据世界"。图 1-13 所示为数据科学的"三世界原则"。因此，在数据科学中，通常需要研究如何运用"数据世界"中已存在的"痕迹数据"的方式解决"物理世界"中的具体问题，而不是直接到"物理世界"，采用问卷和访谈等方法收集"采访数据"。相对于"采访数据"，"痕迹数据"更具有客观性。

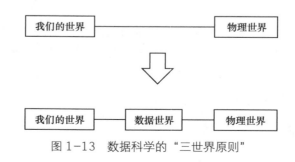

图 1-13　数据科学的"三世界原则"

知识链接

吉姆·格雷（Jim Gray）及第四范式

吉姆·格雷，又名詹姆斯·格雷（James Gray，Jim 是 James 的昵称），生于 1944 年，是著名的计算机科学家。1998 年，吉姆·格雷因在数据库和事务处理研究领域开创性的贡献，以及其在系统实现方面的领导地位获得图灵奖。

2007 年 1 月 28 日，**吉姆·格雷**独自乘船离开旧金山湾（San Francisco Bay），去一个叫法拉隆（Farallon）的小岛撒他母亲的骨灰，不幸在外海失踪。直到现在也没有他的任何消息，美国海岸警卫队已经展开过大范围搜索。

2007 年，**吉姆·格雷**提出了科学研究的第四范式——数据密集型科学发现（Data-intensive Scientific Discovery）。在他看来，人类科学研究活动已经历过 3 种不同范式的演变过程（原始社会的"实验科学范式"、以模型和归纳为特征的"理论科学范式"和以模拟仿真为特征的"计算科学范式"），目前正在从"计算科学范式"转向"数据密集型科学发现范式"，如图 1-14 所示。以天文学家为例，他们的研究方式发生了新的变化，其主要研究任务演变为从海量数据库中发现所需的物体或现象的照片，而不再需要亲自进行太空拍照。

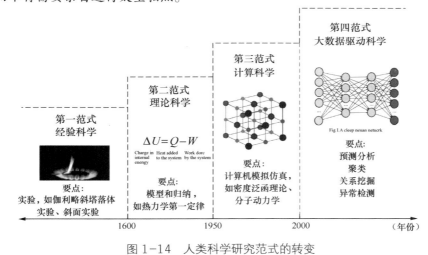

图 1-14 人类科学研究范式的转变

数据科学的研究范式主要体现在以下几个方面。

（1）数据驱动。数据科学主要研究的是如何基于数据提出问题、在数据层次上分析问题与以数据为中心解决问题。因此，与传统科学不同的是，数据科学并不是由目标、决策、业务或模型驱动，而是由"数据"驱动，即数据是业务、决策、战略、市场甚至组织结构变化的主要驱动因素。

（2）以数据为中心。这是数据产品区别于其他类型产品的本质特征。数据产品的"以数据为中心"的特征不仅体现为"以数据为核心生产要素"，而且体现在其研发方法上。

（3）数据密集型。数据产品开发的瓶颈和难点往往源自数据，而不是计算和存储。

也就是说，数据产品开发具备较为显著的计算密集型的特点。

1.6 数据科学的人才类型

从用人单位的岗位设置看，数据科学相关的岗位有很多，如数据科学家、数据分析师、数据工程师、业务分析师、数据库管理员、统计师、数据架构师、数据与分析工具管理员等。图 1-15 给出了 DataCamp 调研的大数据相关的岗位名称及其收入数据。

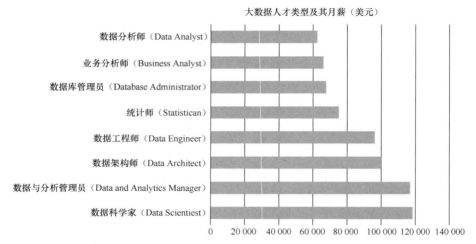

图 1-15　大数据相关的岗位名称及其收入数据

（来源：DataCamp，2018）

但是，从人才成长与培养角度看，应重点关注并发展 3 种人才类型：数据科学家、数据分析师和数据工程师。其中，数据科学家是大数据时代到来后出现的新人才类型，应重点学习其岗位职责与能力要求。当然，数据分析师和数据工程师并非大数据时代新产生的岗位，但其能力要求和岗位也在发生变化。

1．数据科学家

数据科学家是将"现实世界中的问题"映射或转换为"数据世界中的问题"之后，主要采用数据科学的理念、原则、理论、方法、技术、工具，通过将数据（尤其是大数据）转换为知识和智慧的过程，为解决"现实世界中的问题"提供直接指导、依据或参考的高级专家。通常，数据科学家的主要职责包括以下几点。

（1）制定"数据战略"。

（2）研发"数据产品"。

（3）构建"数据生态系统"。

（4）设计与评价数据工程师的工作（机器学习算法和统计模型）。

（5）提出"（基于数据的）好问题"。

（6）定义和验证"研究假设"，负责"研究设计"，并完成对应"实验"。

（7）进行"探索型数据分析"。

（8）完成"数据加工（Data Munging 或 Data Wrangling）"。

（9）实现"数据洞见"。

（10）数据的"可视化"或"故事化描述"。

 知识链接

贝尔实验室招聘信息

招聘单位： 贝尔实验室

办公地点： 新泽西州默里希尔

招聘岗位名称： 数据科学家

招聘岗位任务：

（1）解决富有挑战性的问题，并研发分析型产品；

（2）设计并实现适用于大规模数据处理的、高效、高精度的算法；

（3）进行面向问题解决的原创性研究；

（4）参与研究工作的全生命周期，包括数据收集、构建大数据系统、数据预处理和数据后处理；

（5）作为团队成员，与不同学科背景的同事一起合作。

应聘者能力要求：

（1）计算机科学、统计学或相关专业的博士，应参加过机器学习和数据挖掘方面的培训；

（2）有较深的统计方法理论功底；

（3）熟悉统计学与机器学习领域的传统工具和新兴工具；

（4）优先考虑在大规模数据分析方面有经验者；

（5）在具有影响深远的原创性研究方面有很大潜力；

（6）具备团队精神、优秀的技术能力，对应用领域有浓厚兴趣，有较强的沟通技巧。

2．数据工程师

在大数据时代，数据工程师与数据科学家的主要区别在于：前者关注的是数据本身的管理，而后者关注的是基于数据的管理，其管理对象并不是数据本身。大数据时代数据工程师的岗位职责如下。

（1）数据保障。根据机构（大）数据战略，保证数据安全、可用和可信，确保机构决策制定及业务活动处于连续性和可持续性状态。

（2）数据的备份与恢复。根据机构业务和战略需求，制定（大）数据备份和恢复策略以及（大）数据应急预案，并按相关规章制度和工作计划进行数据的备份与恢复工作。

（3）数据的抽取、转换、加载操作。根据数据科学家和数据分析师的实际需求，对（大）数据进行抽取、转换、加载操作。

（4）主数据管理及数据集成。识别机构的主数据（Master Data），并根据数据科学家和（大）数据分析师的实际需求以及机构（大）数据战略及业务活动的要求对多源、异构数据进行集成操作。

（5）数据接口及其访问策略的设计。根据业务和战略需求，对机构内外用户设计（大）数据接口及其访问策略。

（6）数据库、数据仓库的设计、实现与维护。包括机构业务数据库和历史数据仓库的设计、实现和维护工作。

3．数据分析师

数据分析师、数据科学家和数据工程师的能力要求不同。数据分析师必须有较强的某一个（或多个）领域或行业专长，如金融数据的分析师除了需要掌握必要的统计学和计算机知识外，还需要熟练掌握金融及其相关专业的知识和经验。在大数据时代，（大）数据分析师的主要岗位职责如下。

（1）数据准备。包括（大）数据的特征工程、ETL、规整化、清洗，以及其他数据预处理操作。

（2）数据分析的执行。包括面向（大）数据的试验设计、模型/算法的选择、优化和设计、模型/算法的实现与应用，以及（大）数据分析信度和效度的评估。

（3）分析结果的呈现。包括（大）数据分析结果的可视化呈现和故事化呈现。

需要注意的是，在实际工作中，数据科学家、数据工程师和数据分析师的工作并非截然分离的，而是存在一定的交叉或重叠关系。因此，在数据科学项目中，上述不同数据科学人才之间的有效沟通和分工协作尤为重要。从知识和经验的准备度看，数据科学相关的人才应具备的知识结构，如图 1-16 所示。

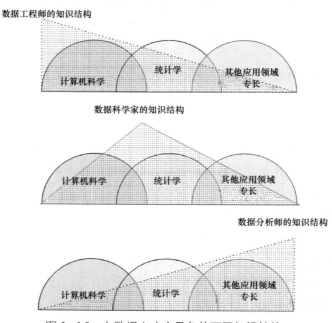

图 1-16　大数据人才应具备的不同知识结构

（1）数据工程师：计算机科学＞数据科学＞其他行业专长。

（2）数据科学家：数据科学＞计算机科学＞其他行业专长。

（3）数据分析师：其他行业专长＞数据科学＞计算机科学。

1.7　数据科学的常用工具

从国内外数据科学家岗位的招聘要求及著名数据科学家的访谈内容可看出，推荐**数据科学家常用的工具**如下。

（1）Python、R、Scala、Clojure、Haskell 等数据科学语言工具。

（2）HBase、MongoDB、Couchbase、Cassandra 等 NoSQL 工具。

（3）SQL、RDMS、DW、OLAP 等传统数据库和数据仓库工具。

（4）Hadoop、HDFS、MapReduce、Spark、Storm 等支持大数据计算的工具。

（5）HBase、Pig、Hive、Impala、Cascalog 等支持大数据管理、存储和查询的工具。

（6）Web Scraper、Flume Avro、Sqoop、Hume 等支持数据采集、聚合或传递的工具。

（7）Weka、KNIME、RapidMiner、SciPy、Pandas 等支持数据挖掘的工具。

（8）ggplot2、Tableau、D3.js、Shiny、Flare、Gephi 等支持数据可视化的工具。

（9）SAS、SPSS、Matlab 等数据统计分析工具。

由于本书内容主要通过 Python 来实现，因而本节主要介绍 Python 有关的知识。

Python 是一种解释型、交互式、动态类型的语言，具有"优雅""明确""简单"的特点。目前，Python 最新版本为 3.8.0。

1．Python 在数据科学中应用的优缺点

对于数据科学而言，Python 既有优点也有缺点。

（1）基于 Python 进行数据科学研究的优点如下。

① 用 Python 编写的源代码的代码量少，且易于编写、阅读、理解和维护。

② Python 中可用于数据科学的第三方扩展包的数量多、功能强，据 Python 第三方扩展包官网介绍，Python 第三方扩展包项目已超过 20 万。

③ Python 是一种解释型语言，因此能较好地支持数据科学中的交互式分析任务。

④ Python 编写的源代码跨平台性高，可扩展性和可移植性强。

（2）Python 在数据科学应用中的缺点如下。

① Python 是一种解释型语言，所以运行速度慢。

② Python 代码不能加密，因此安全性较低。

2．Python 和 R 的对比分析

目前，Python 和 R 是数据科学中应用的主流语言工具。表 1-1 列出了 Python 和

R 的主要区别与联系。此外，Scala、Clojure 和 Haskell 等也是受欢迎的数据科学语言工具。

表 1-1 　　　　　　　　　　　Python 与 R 的主要区别与联系

	Python	R
设计者	计算机科学家吉多·范·罗瑟（Guido Van Rossum）	统计学家罗斯·艾卡（Ross Ihaka）和罗伯特·金特尔曼（Robert Gentleman）
设计目的	提高软件开发的效率与源代码的可读性	方便统计处理、数据分析及图形化显示
设计哲学	（源代码层次上）优雅、明确、简单	（功能层次上）简单、有效、完善
发行年	1991	1995
前身	ABC 语言、C 语言和 Modula-3	S 语言
主要维护者	Python Software Foundation（Python 软件基金会）	The R-Core Team（R-核心团队） The R Foundation（R 基金会）
主要用户群	软件工程师/程序员	学术/科学研究/统计学家
可用性	源代码的语法更规范，便于编码与调试	可以用简单几行代码实现复杂的数据统计、机器学习和数据可视化功能
学习成本曲线	入门相对容易，入门后学习难度随着学习内容逐步提高	入门难，入门后相对容易
第三方提供的功能	以"包"的形式存在； 可从 PyPI 下载	以"库"的形式存在； 可从 CRAN 下载
常用包/库	数据处理：pandas 科学计算：SciPy、NumPy 可视化：matplotlib 统计建模：statsmodels 机器学习：sckikit-learn、TensorFlow、Theano 和 PyTorch	数据科学工具集：tidyverse 数据处理：dplyr、plyr、data.table、stringr 可视化：ggplot2、ggvis、lattice 机器学习：RWeka、caret
常用 IDE（集成开发环境）	Jupyter Notebook（iPython Notebook）、Spyder、Rodeo、Eclipse、PyCharm	RStudio、RGui
R 与 Python 之间的相互调用	在 Python 中，可以通过库 RPy2 调用 R 代码	在 R 中，可以通过包 rPython 调用 Python 代码

3．Python 和 R 在数据科学中广泛应用的原因

在数据科学中，尤其是数据密集型问题中一般采用 Python 或 R，而不用 Java、C 语言、C++语言、C#、VB 等语言的原因主要有 3 层。

（1）第一层原因——程序语言的设计目的。Java、C 语言等语言是为软件开发而设计的，不适合完成数据科学任务。例如，数据集的读写和排序是数据科学中经常处理的工作，如果用 Java 编写则需要多层 for 语句的代码，非常烦琐。但是，在 Python 或 R 中、这些问题变得很简单——它们支持向量化计算，可以直接读写数据集（不需要 for 语句）。Python 或 R 采用泛型函数式编程，可以直接调用函数 sort()来实现数据集

的排序工作，不需要数据工作人员另外编写排序算法和代码。因此，如果数据科学家使用 Java、C 语言等语言完成数据科学任务，主要精力将消耗在流程控制、数据结构的定义和算法设计上，而难以集中精力去处理数据问题。

（2）第二层原因——第三方扩展包/模块。其实，第一层原因还不是最重要的，重要的是我们可以通过 Python 或 R 调用面向数据科学任务的专业级服务——Python 或 R 的第三方扩展包/模块。以 CRAN 为例，该平台上可用的 R 包至少有 10 381 个。也就是说，我们用 Python 或 R 来进行数据分析的重要原因在于这两种语言背后的第三方扩展包的功能非常强大。例如，我们使用 Java、C 语言等实现数据的可视化非常复杂，但是使用 Python 第三方扩展包 Seaborn 或 R 第三方扩展包 ggplot2 可以轻松实现。因此，我们使用 Python 或 R 并不是因为它们本身比 Java、C 语言等更强，而是通过 Python 或 R 可以调用众多专门用于数据科学任务的第三方扩展包或模块。

（3）第三层原因——主流第三方扩展包/模块的开发者的智慧。其实，第二层原因也不是根本原因，根本原因是 Python 或 R 的背后，尤其是主流第三方扩展包、模块的开发者都是统计学、机器学习等数据科学领域的顶级人才。例如，Python 第三方扩展包 pandas 包的开发者韦斯·麦金尼（Wes McKinney）和 R 第三方扩展包 ggplot2 的开发者哈德利·威克姆（Hadley Wickham）均为数据科学领域的领军人物。因此，我们使用 Python 或 R 的最终目的在于利用他们的思想指导自己，借助他们的力量解决数据科学问题。

1.8　数据科学的相关应用

数据科学应用领域比较广泛，目前比较有代表性的实践应用有：2012 年美国总统大选、Google 禽流感趋势分析（Google Flu Trends）、Target 怀孕预测、MetroMile 保险、IBM Workbench 平台、Databircks 产品、伦敦奥运会数据新闻，以及 Google 翻译（Google Translate）等。比较有代表性的应用领域如下。

1. 医学领域

医疗行业依靠专用设备来跟踪生命体征、协助医生诊断。医疗行业同样也使用大数据和分析工具并以多种方式改善健康状况。可穿戴式追踪器向医生传递信息并告诉他们患者是否按时服用药物，或者他们是否遵循治疗或疾病管理计划。随着时间的推移，收集的汇编数据能够为医生提供关于患者健康状况的全面视图以及比简短的面对面交流更深入的信息。另外，公共卫生部门会利用大数据分析来找出食品安全方面的高危区域，并优先进行食品安全检查。研究人员也深入研究数据，来揭示具有最显著的病理特征的地方。此外，大数据分析可帮助医院管理人员进行管理，以期减少患者的等待时间并改善护理条件。有些平台会批量查看数据，然后查找其中的规律并给出改善的建议。

2．零售领域

如果零售商没有正确预测客户的需求，然后肓目推荐商品，他们可能会很难盈利。大数据分析揭示了如何使人们满意并再次回到这家商店。IBM 的一项研究结果发现，62%的零售商受访者表示信息和大数据分析为他们带来了竞争优势。最有用的策略包括确定业务需求和确定分析技术如何支持这些需求。例如，零售商可能希望购物者在店中停留更长的时间。然后，他们可以根据这一需求，使用大数据分析来创造个性化、高度相关的环境，吸引顾客在店中停留。分析软件还可以跟踪客户的每一次行为。由此产生的结果可以指导零售商如何吸引具有最高价值的购物者。检查天气数据可以预测顾客对雪铲和沙滩椅等季节性物品的需求，使零售商在大多数顾客到达之前购进这些东西。

3．建筑领域

建筑公司跟踪从估算材料的费用到完成任务所需的平均时间等的所有内容。这并不奇怪，数据分析正在成为这个行业的重要内容。当建筑专业人员监控现场服务指标（如损耗、推荐率和收入）时，他们能够更好地了解哪些方面进展顺利以及哪些业务部门需要改进。此外，他们利用大数据根据未来用途和预期趋势分析项目的最佳位置。有些项目甚至将传感器整合到建筑物和桥梁中，这些附件会收集数据并将其发给人们进行分析。Dayton Superior 是一家混凝土建筑公司，为世界各地的项目提供材料。它意识到当公司的销售代表不能立即了解某些城市的材料成本时，保证价格透明度是非常困难的。因此，这家公司开始使用地理数据分析，以此进行价格确定。一个月后，超过 98%的销售代表使用了改进的方式，并且提供报价的用时急剧下降。从那时起，该公司大大减少了定价过程中的不一致性。分析工具提供的建议通常能使公司找到更合理的价格并向客户提供更低的费率。

4．银行领域

人们可能并不认为银行业是一个特别高科技的行业，但一些公司正在通过数据分析来改变人们的这一观念。美国银行设计了一个名为 Erica 的虚拟助手，它使用预测分析和自然语言处理来帮助客户查看银行交易历史记录或未来账单的信息。此外，Erica 在每笔交易中都变得更"聪明"。美国银行的代表说，Erica 最终将研究人们在银行的交易习惯，并提供相关的财务建议。大数据也有助于打击银行欺诈。由 QuantumBlack 构建的一种预测机器学习模型在使用的第一周内检测到大约 100 000 美元的欺诈交易。

5．交通领域

人们需要按时到达目的地，大数据分析帮助公共交通提供商提高客户的满意度。Transport for London 使用统计数据来映射客户行程，为人们提供个性化详细信息并避免意外情况。它可以告诉我们有多少人同时乘坐一辆公共汽车或者最小化乘客从某地步行到公交车站的距离。数据分析也为铁路行业的人们提供帮助。车载传感器能够提供有关列车制动机制、里程等的详细信息。来自 100 列火车的数据集每年可产生高达

2000亿个数据点。检查信息有利于发现更好的模式来指导用户改进操作。例如，火车驾驶员可能会发现导致设备故障并使列车暂时停止服务的事件。

6.自动驾驶与机器翻译领域

自动驾驶与机器翻译领域是近几年发展速度最快的领域，也是社会热门话题。自动驾驶与机器翻译领域兴起的主要原因在于数据科学的广泛应用，其实现理念和方法从传统的知识范式转向数据范式，数据范式成为该领域的主流研究范式。

1.9 继续学习本章知识

正确理解数据科学的研究目的、理论体系与基本原则等核心问题是掌握数据科学的第一步，是防止盲目学习和低效率的重要前提，更是成长为数据科学家的必要条件。本章主要介绍了数据科学的基础理论，后续将进一步探讨数据科学的几个核心问题，包括统计学与模型（第2章）、机器学习与算法（第3章）、数据可视化（第4章）、数据加工（第5章）、大数据技术（第6章），以及数据产品开发及数据科学中的人文与管理（第7章）。

同时，学习数据科学应注意4个基本问题——数据科学的四则运算原则，如图1-17所示。

图1-17 学习数据科学的四则运算原则

（1）加法原则：理论学习+动手操作。数据科学是一门操作性很强的学科，建议在数据科学的学习中不仅要重视理论知识的学习，而且要进行动手操作。后续将以Python为工具进行数据科学的动手操作。

（2）乘法原则：经典理论×最佳实践。目前，所谓数据科学的理论和实践的文献和资料特别多，但不一定能真正代表数据科学的标志性理论或实践，有些甚至包含错误或虚假的内容。因此，在数据科学的学习中需要重视和甄别数据科学的经典理论和最佳实践。

（3）减法原则：全集知识-领域差异性知识。目前，大数据和数据科学已成为多个学科领域共同关注的话题，不同学科正在从各自的视角研究数据科学。因此，数据科学的学习要注意与自己专业领域的结合，重视领域共性知识的学习。

（4）除法原则：最深奥理论÷最基本逻辑。相对于传统理论，数据科学的理论具有较高的复杂性，因此在数据科学的学习中应利用简单的逻辑来理解深奥的理论，在选择教材和阅读材料时不宜选取将简单问题复杂化的文献。

此外，在掌握本章内容的基础上，学习并掌握数据科学领域的重要期刊、会议、图书、专家的方法尤为关键。

1．学术期刊

（1）*The Data Science Journal*（ISSN: 1683-1470）

（2）*Data Science and Engineering*(ISSN: 2364-1185)

（3）*International Journal of Data Science and Analytics*(ISSN: 2364-415X)

（4）*International Journal of Data Science*（ISSN: 2053-0811）

（5）*Journal of Data Science*（ISSN: 1680-743X）

（6）*EPJ Data Science*（ISSN: 2193-1127）

（7）*Big Data Research*（ISSN: 2214-5796）

（8）*Journal of Big Data*（ISSN: 2196-1115）

（9）*Big Data & Society*（ISSN: 2053-9517）

（10）《大数据》（ISBN:2096-0271）

2．国际会议

（1）IEEE DSAA：IEEE International Conference on Data Science and Advanced Analytics

（2）ACM IKDD CoDS：ACM India SIGKDD Conference on Data Sciences

（3）ICDSE：International Conference on Data Science and Engineering

（4）ICDS：The International Conference on Data Science

（5）ICML：International Conference on Machine Learning

（6）Big Data Innovation Summit

（7）Data Summit

（8）KDD：Knowledge Discovery and Data Mining

（9）ODSC：Open Data Science Conference

3．研究机构

（1）帝国理工学院（Imperial College London）数据科学研究所

（2）哥伦比亚大学数据科学研究所（Data Science Institute）

（3）纽约大学的数据科学中心（NYU Center for Data Science）

（4）加州大学伯克利分校的数据科学中心（Data Science at UC Berkeley）

（5）全球数据科学（Data Science Global）

（6）中国人民大学数据工程与知识工程教育部重点实验室

（7）一些大数据企业（如 IBM、Google、Facebook 等）的数据科学部门

4．课程资源

（1）华盛顿大学

（2）约翰·霍普金斯大学

（3）哈佛大学

（4）麻省理工学院

（5）斯坦福大学

（6）纽约大学

（7）哥伦比亚大学

（8）中国人民大学

5．硕士学位项目

（1）加州大学伯克利分校

（2）约翰·霍普金斯大学

（3）华盛顿大学

（4）纽约大学

（5）卡内基·梅隆大学

（6）斯坦福大学

（7）旧金山大学

（8）哥伦比亚大学

（9）佐治亚理工学院

（10）伊利诺伊理工学院

（11）马里兰大学

（12）印第安纳大学

（13）伦敦城市大学

6．专家学者

（1）麦金尼（Wes McKinney）：pandas 包的开发者，著有 *Python for Data Analysis*

（2）威克汉姆（Hadley Wickham）：RStudio 的首席科学家，ggplot2 和 tidyverse 的开发者，著有 *R for Data Science*

（3）拉齐（Sandy Ryza）：Cloudera 的首席科学家，著有 *Advanced Analytics with Spark*

（4）长廷（Doug Cutting）：Hadoop 之父，是 Apache Lucene、Nutch、Hadoop、Avro 等开源项目的发起者

（5）彭特兰（Alex（Sandy）Pentland）：MIT 教授，机器学习、人工智能与人类计算领域的知名科学家

（6）帕蒂尔（DJ Patil）：曾担任白宫首席数据科学家

（7）索莫阿诺（Carlos Somohano）：Data Science London 的创始人之一

（8）特伦（Sebastian Thrun）：Udacity 的创始人与 CEO，Google X 的创始人，斯坦福教授

（9）罗加蒂（Monica Rogati）：LinkedIn 高级数据科学家

（10）多诺霍（David Donoho）：斯坦福大学教授

（11）伯恩（Kirk Borne）：2014 年被评为 IBM 大数据与分析英雄

（12）梅森（Hilary Mason）：Fast Forward Labs 发起人，知名学者

（13）杨立昆（Yann Lecun）：纽约大学数据科学中心的负责人

（14）哈默巴赫（Jeff Hammerbacher）：Cloudera 项目的创始人以及首席科学家

（15）阿钦（Jeremy Achin）：Data Robot 创始人

（16）扎哈里亚（Matei Zaharia）：Spark 的主要开发者，Databricks 的创始人之一

（17）克恩（Gary King）：哈佛教授

（18）金特里（Carla Gentry）：Analytical Solution 的数据科学家

（19）朝乐门：国内第一部系统阐述数据科学专著的作者，国家精品在线开放课程"数据科学导论"的主讲人，北京市优质教材《数据科学理论与实践》作者，数据科学领域本体（Data Science Ontology）的研发者

7．相关工具

（1）Anaconda：全球最受欢迎的数据科学平台之一

（2）Jupyter Notebook：IBM 的开源、支持多种编程语言的开发工具

（3）RapidMiner Studio：数据科学的通用平台

（4）Databricks：数据科学统一分析平台

（5）IBM Watson Studio：IBM 提供的数据科学工具

（6）DataRobot：自动化实现机器学习平台

（7）Trifacta：数据加工的工具

（8）Paxata：数据准备工具

（9）Weka：用 Java 编写的数据挖掘软件

（10）Tableau 和 D3：数据可视化和工具

（11）SAS 和 SPSS：数据分析与建模

（12）谷歌的 Tensotflow 与 Faccbook 的 PyTorch：深度学习框架

（13）Open CV：计算机视觉与图像处理

习　题

一、选择题

1．大数据挑战主要体现在（　　　）。

A．数据量（Volume）的几何级增长

B．数据类型（Variety）的多样化

C．数据价值（Value）的发现越来越困难

D．数据处理速度（Velocity）要求越来越高

2．DIKW 金字塔(DIKW Pyramid)模型揭示了数据、信息、知识和（　　）之间的区别与联系。

A．资料　　　　　B．能源　　　　　C．智商　　　　　D．智慧

3．以下四种描述中，正确的是（　　）。

A．大数据和海量数据是同一个事物的不同描述

B．数据和数值是同一个事物的不同描述

C．数据和数字是同一个事物的不同描述

D．以上说法均不正确

4．IBM 认为，大数据是拥有以下 4 个共同特点（又称"4V"）中任意一个的数据源：极大的数据量级、以极快的速度移动、极广泛的数据源类型，以及（　　）。

A．极高的准确性　　　　　　　　　B．极高的多样性

C．极高的长久性　　　　　　　　　D．极高的真实性

5．（　　）指从"数据视角"提出问题、在"数据层次"上分析问题、"以数据为中心"解决问题，以及将"数据"当作决策制定的决定因素，提高决策制定的信度与效度。

A．模型驱动型决策支持　　　　　　B．数据驱动型决策支持

C．任务驱动型决策支持　　　　　　D．算法驱动型决策支持

6．在大数据时代，尤其在数据科学中，人们对数据的认识与研究视角是（　　）。

A．我能为数据做什么　　　　　　　B．如何设计算法和模型

C．数据能为我做什么　　　　　　　D．如何降低计算复杂度

7．从知识体系看，数据科学主要以（　　）为理论基础，其主要研究内容包括数据科学基础理论、数据加工、数据计算、数据管理、数据分析和数据产品开发。

A．统计学　　　　　　　　　　　　B．机器学习

C．数据可视化　　　　　　　　　　D．（某一）领域知识

8．图灵奖获得者吉姆·格雷提出的科学研究的第四范式——数据密集型科学发现（Data-intensive Scientific Discovery）描述了数据科学的（　　）。

A．三世界原则　　　　　　　　　　B．三要素原则

C．数据复杂性原则　　　　　　　　D．从简原则

9．以下描述中错误的是（　　）。

A．商务智能主要关注的是对"过去时间"的"解释性研究"，主要回答的是诸如"上一个季度发生了什么？""销量如何？""哪里存在问题？""在什么情况下出现的？"等问题

B．数据科学主要关注的是对"未来时间"的"探索性研究"，主要回答的是诸如"如果……将来会怎么样？""最佳业务方案是什么？"等

C．商务智能的主要处理对象以非结构化数据为主

D．数据科学建立在数据工程之上，属于"基于数据的处理与管理"，主要关注的

是如何基于数据进行辅助决策（或决策支持）、商业洞察、预测未来、发现潜在模式，以及如何将数据转换为智慧或产品

10．（　　）技术支持将源代码、注释、文字、段落、图表混排在一起，是数据科学家的常用工具之一。

A．VizQL　　　　B．Markdown　　　　C．HTML　　　　D．Excel

11．以下能力中，数据科学家需要具备的能力或素质是（　　）。

A．提出"好"的研究假设或问题，并完成对应的试验设计

B．喜欢团队合作与协同工作

C．掌握数据科学的理论基础——统计学、机器学习和数据可视化

D．学会数据科学的基础理论，尤其是其主要理念、原则、理论和方法

12．以下能力中，数据工程师需要具备的能力或素质是（　　）。

A．数据保障　　　　　　　　　　B．数据的 ETL 操作

C．数据的备份与恢复　　　　　　D．主数据管理及数据集成

13．以下能力中，数据分析师需要具备的能力或素质是（　　）。

A．良好的沟通能力　　　　　　　B．应用统计学与应用机器学习

C．数据科学　　　　　　　　　　D．一定的编程开发能力

14．与传统科学不同的是，数据科学是由（　　）驱动，即数据是业务、决策、战略、市场甚至组织结构变化的主要驱动因素。

A．目标　　　　　B．利益　　　　　C．数据　　　　　D．知识

二、调研与分析题

1．结合自己的专业领域，调研数据科学及大数据在所属领域中的应用现状。

2．调查分析近 3 年在数据科学领域出版的专著。

3．调查分析数据科学家的常用方法、技术与工具。

4．调查分析近 3 年 *The Data Science Journal* 等数据科学领域的学术期刊上发表论文的主题。

5．调查分析近 3 年 IEEE、DSAA 等数据科学领域国际会议的主题。

第2章 统计学与模型

 本章学习提示及要求

了解：

- 统计学与数据科学的区别与联系。
- 大数据环境下统计学面临的主要挑战。

理解：

- 数据科学中应用统计学知识的基本步骤。
- 统计学方法的类型及选择方法。

掌握：

- 面向统计学的数据划分及准备方法。
- 统计学中对模型的评估方法。

熟练掌握：

- 基于 Python 的统计学编程实践。

统计学与
模型

2.1 统计学与数据科学

统计学是数据科学的主要理论基础之一，如图 2-1 所示。数据科学的理论、方法、技术和工具往往来源于统计学。统计学家在数据科学的发展中也做出过突出贡献。例如，第一篇以数据科学为标题的学术期刊论文 *Data Science: An Action Plan for Expanding the Technical Areas of the Field of Statistics*（*International Statistical Review*，2001）是统计学家威廉·S·克利夫兰完成的，该论文的发表引起了学术界的高度关注。再如，数据科学领域常用的工具之一——R 也是统计学家发明的语言。

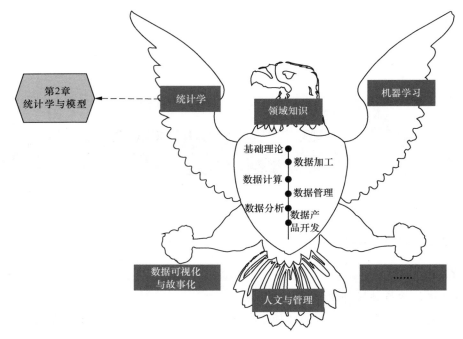

图 2-1　统计学与数据科学

2.1.1　描述统计与推断统计

从思维方式看，传统统计学方法可以分为两大类——描述统计和推断统计，如图 2-2 所示。

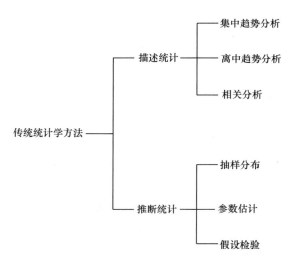

图 2-2　传统统计学方法的分类（目的与思路视角）

1. 描述统计

描述统计采用图表或数学方法描述数据的统计特征，如分布状态、数值特征等。通常，描述统计分为集中趋势分析（如数值平均数、位置平均数等）、离中趋势分析（如极差、分位差、平均差、方差、标准差、离散系数等）和相关分析（如正相关、负相关、线性相关、无关等）3 个基本类型。

2．推断统计

在数据科学中，推断统计有时需要通过"样本"对"总体"进行推断分析。常用的推断统计方法有两种：参数估计和假设检验，如图 2-3 所示。其中，参数估计可以分为点估计和区间估计；假设检验可以分为参数检验和非参数检验。

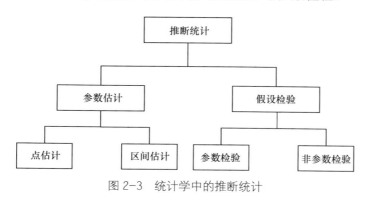

图 2-3　统计学中的推断统计

2.1.2　基本分析法和元分析法

从方法论角度看，基于统计的数据分析方法又可分为两种不同类型——基本分析法和元分析法，如图 2-4 所示。

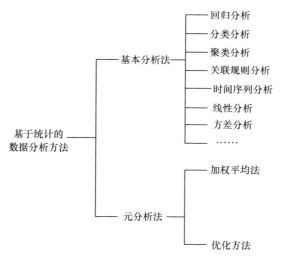

图 2-4　基于统计的数据分析方法类型（方法论视角）

1．基本分析法

基本分析法是用于对"低层数据（0 次或 1 次数据）"进行统计分析的基本统计分析方法。常用的基本分析法有回归分析、分类分析、时间序列分析、线性分析、方差分析、聚类分析、关联规则分析等，如图 2-5 所示。

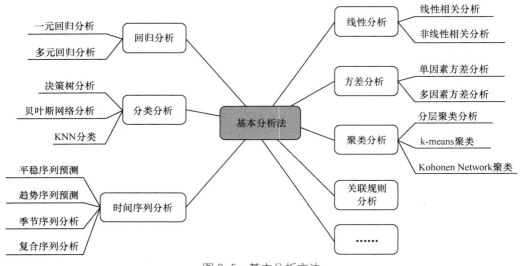

图 2-5　基本分析方法

2．元分析法

元分析法是用于对"高层数据（二次或三次数据）"，即对基本分析法得出的结果进行进一步分析的方法，如图 2-6 所示。常用的元分析法有加权平均法和优化方法。在数据科学任务中，并不是所有的分析统计工作都由数据科学家本人完成。有时，数据科学家需要在他人的统计结果上进行二次分析。在这种情况下，数据科学家们需要的是另一种统计分析法——元分析（Meta-Analysis）法。可见，元分析法可以应用于对"已有分析结果"进行集成性的定量分析，如加权平均法和优化方法等。

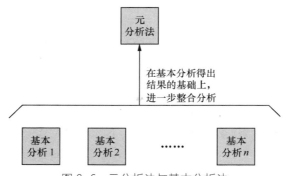

图 2-6　元分析法与基本分析法

2.2　统计方法的选择思路

统计学方法的选择通常以分析目的和数据特征为主要依据，如图 2-7 所示。其中，分析目的分为描述、分类、比较、预测和解释五种基本类型；数据特征主要包括变量的个数、自变量和因变量的划分、变量的相关性和数据类型等。其中，变量的相关性又可以分为线性相关、非线性相关、自相关、位置相关和时间相关等。数据类型有离散数据和连续数据之分。

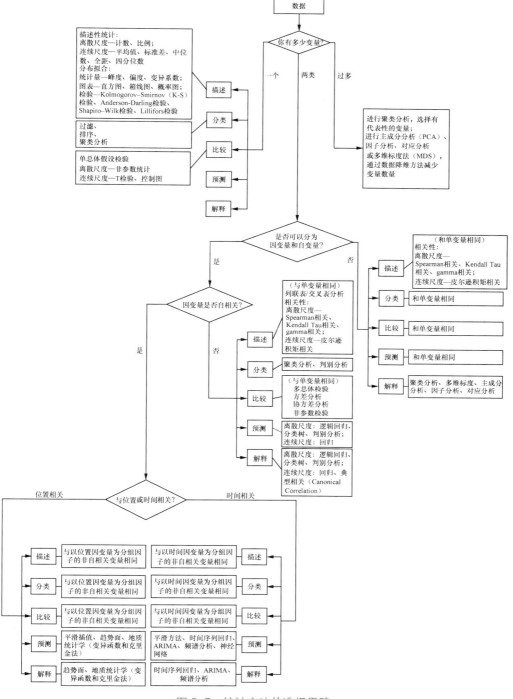

图 2-7 统计方法的选择思路

2.3 数据划分及准备方法

总体（Population）、样本（Sample）、参数（Parameter）和统计量（Statistics）是

统计学中常用的概念，也是很多初学者容易混淆的术语。"总体"是包含所研究的全部数据的集合，如由某大学所有学生构成的集合。"样本"是从"总体"中抽取的一部分元素的集合，如从某大学学生集合中随机抽取 100 个学生。"参数"是针对"总体"的概念，如全校学生的平均年龄（μ）是一个"参数"。"统计量"则是针对"样本"的，如基于 100 个样本计算的样本平均年龄（$\bar{x}$）则是一个"统计量"。图 2-8 所示为统计学的 4 个基本概念及其相互关系。

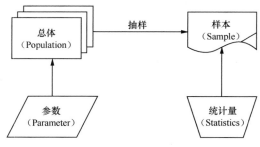

图 2-8　统计学的 4 个基本概念及其相互关系

2.3.1　自变量与因变量

在函数关系式 $y=f(x)$ 中，能够影响其他变量的一个变量（x）叫作自变量，随自变量的变动而变动的量(y)，就称为因变量。值得注意的是，自变量和因变量在不同的领域中具有不同的名称，以自变量和因变量分别为父亲的身高（x）和儿子的身高（y）为例，如图 2-9 所示。

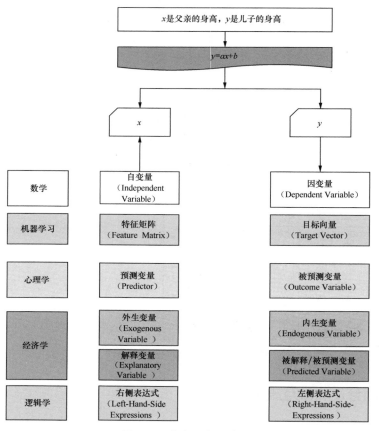

图 2-9　自变量与因变量

基于 Python 的统计分析中，通常需要将自变量和因变量分别转换为特征矩阵和目标向量，如图 2-10 所示。

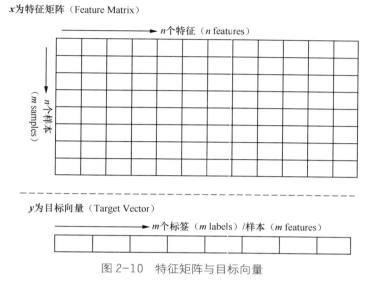

图 2-10　特征矩阵与目标向量

2.3.2　数据抽样

数据抽样是统计方法的基础。抽样方法通常分为概率抽样和非概率抽样，如图 2-11 所示。

1．概率抽样

概率抽样又称为随机抽样，指按照随机原则将总体中的每个数据用一定的概率选中为样本。概率抽样的前提是总体的概率是已知或可计算/估计的。概率抽样分为简单随机抽样、系统抽样、分层抽样、整群抽样和多阶段抽样等。其中多阶段抽样是在整群抽样的基础上进行的抽样，在多阶段抽样中，可以根据实际情况，综合应用简单随机抽样、系统抽样和分层抽样。

2．非概率抽样

非概率抽样指抽取样本时不是依据随机原则，而是根据研究目的和客观条件，采取非概率方式从总体中抽取部分数据。非概率抽样可以分为配额抽样、立意抽样、自愿样本和偶遇抽样。其中，立意抽样又可以分为极端或偏差型个案抽样、异质性抽样、同质性抽样、关键个案抽样、典型个案抽样和理论抽样；自愿抽样分为雪球抽样和自选择抽样；偶遇抽样又称为便利抽样。

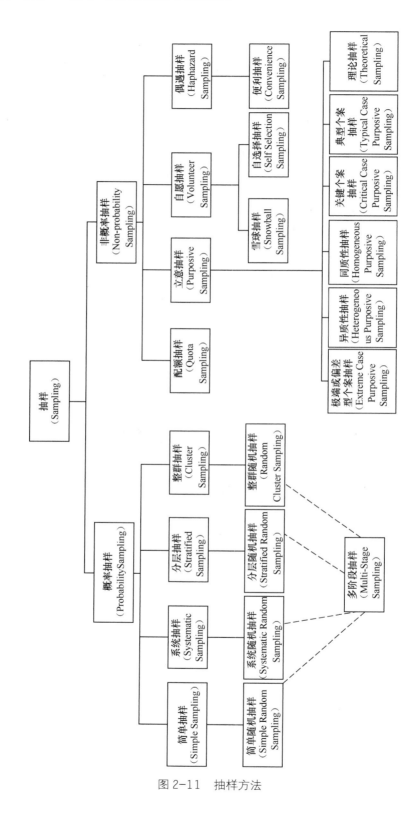

图 2-11　抽样方法

2.4　参数估计与假设检验

在统计学中，有时需要通过"样本"对"总体"进行推断分析。常用的统计推断方法有两种：参数估计和假设检验，二者的主要区别如图 2-12 和表 2-1 所示。

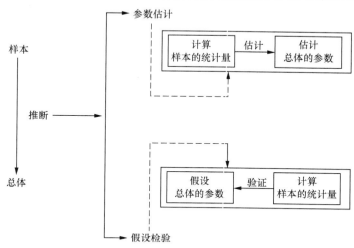

图 2-12　参数估计与假设检验的主要区别

表 2-1　　　　　　　　　　　　　　　参数估计与假设检验

	含义	举例	分类
参数估计	根据"样本的统计量"来估计"总体的参数"	利用样本均值 $\bar{x}$ 估计总体的均值 μ	点估计、区间估计
假设检验	先对"总体的某个参数"进行假设，然后利用"样本统计量"去检验这个假设是否成立	先对总体的参数 μ 的值提出一个假设，然后利用样本统计量来检验这个假设是否成立	参数假设检验、非参数假设检验

2.4.1　参数估计

参数估计可以分为两种更具体的方法：点估计和区间估计。

1. 点估计

点估计的基本思路是先从总体中抽取一个样本，然后根据该样本的统计量对总体的未知参数做出一个数值点的估计，例如用样本均值 $\bar{x}$ 作为总体均值 μ 的估计值。**点估计并没有给出估计值接近总体未知参数程度的信息。**点估计的具体实现方法有矩估计法、顺序统计量法、最大似然法、最小二乘法等。

2. 区间估计

区间估计是在点估计的基础上，给出总体参数落在某一区间的概率。此区间是根据一个样本的观察值给出的总体参数的估计范围，可通过样本统计量加减抽样误差的方法得到。例如，总体均值落在 $50 \sim 70$ 之间的概率为 0.93。通常，区间估计有两个重要指标，即置信区间和置信水平。**置信区间**（Confidence Interval）指由样本统计量构造的总体参数的估计区间，置信区间的最小值与最大值分别称为"置信下限"和"置信上限"；**置信水平**（Confidence Level）指总体未知参数位于置信区间内的概率，表示为 $1-\alpha$，其中 α 为显著性水平，即总体参数未在区间内的概率。

2.4.2 假设检验

在数据科学中，我们经常采用"**假设/演绎式分析方法（The Hypothetico-deductive Method）**"——先对总体参数或分布形式做出某种假设，然后利用数据（如样本信息等）证明（或判断）原假设是否成立。在此类问题中，我们通常需要采用假设检验。**假设检验**方法主要以小概率原理[①]为基础，采用的是逻辑反证法。假设检验的基本步骤包括：提出原假设和备择假设、确定适当的检验统计量、规定显著性水平、计算检验统计量的值，以及给出统计决策，如图 2-13 所示。

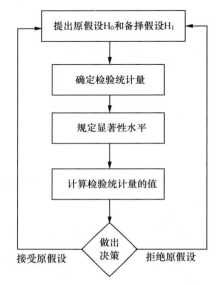

图 2-13　假设检验的基本步骤

第 1 步，提出原假设 H_0 和备择假设 H_1。原假设可以在历史数据或他人统计分析工作的基础上形成。例如，如果我们（从文献或其他研究）获知 2015 年的新生儿平均体重为 3.14kg，那么可以对 2016 年的新生儿平均体重给出一个原假设，即 $H_0=3.14\text{kg}$，$H_1\neq3.14\text{kg}$。

第 2 步，确定用于假设检验问题的统计量——**检验统计量**[②]。检验统计量的基本公式为：

$$z = \frac{\overline{x} - \mu_0}{\sigma/\sqrt{n}}$$

第 3 步，规定一个概率值——**显著性水平 α**。显著性水平指当原假设为真时，拒绝原假设的概率。常用的 α 值有 0.01、0.05 和 0.10，具体由数据科学家确定。

第 4 步，计算检验统计量的值。在实际工作中，不同分布所构建的统计量不同。

第 5 步，做出统计决策。根据给定的显著性水平 α，查表得出相应的临界值 Z_a 或 $Z_{a/2}$，将检验统计量的值与 α 的临界值进行比较，得出接受或拒绝原假设的结论。

值得注意的是，假设检验经常存在两类错误，即"弃真错误"和"取伪错误"，在统计学中分别称为 α 错误和 β 错误，如表 2-2 所示。

---

　　① 根据费希尔德的观点，小概率的标准是概率值小于或等于 0.05。小概率指在一次试验中，一个几乎不可能发生的事件发生的概率。也就是说，如果在一次试验中出现小概率事件，我们就有理由拒绝原假设。
　　② 与参数估计类似，假设检验中也需要借助样本统计量进行统计推断，我们将这个统计量称为"检验统计量"。

表 2-2　　　　　　　　　　　　假设检验中的 α 错误和 β 错误

项目	没有拒绝原假设 H_0	拒绝原假设 H_0
H_0 为真	$1-\alpha$（正确决策）	α（弃真错误）
H_0 为假	β（取伪错误）	$1-\beta$（正确决策）

（1）α 错误（弃真错误）。当原假设 H_0 为真时，我们错误地认为"原假设 H_0 是不成立的"，进而导致拒绝这个正确假设。与 α 错误对应，有一个重要概念，即"显著性水平"。"显著性水平"指当原假设为真时拒绝原假设的概率，即 α 错误的出现概率，一般用符号 α 表示，α 值可以自行确定，常用的 α 值有 0.01、0.05、0.10。

（2）β 错误（取伪错误）。当原假设 H_0 为假时，我们错误地认为"原假设 H_0 是成立的"，进而导致接受此错误假设。

需要注意的是，**假设检验中的两种错误之间存在矛盾关系，我们很难同时减少两类错误**：如果减少 α 错误，就会增加犯 β 错误的可能；如果减少 β 错误，就会增加犯 α 错误的可能。因此，**在样本量不变的情况下，假设检验中无法同时降低这两类错误发生的概率**，要求我们有所侧重或选择。但是，由于原假设 H_0 往往比备择假设 H_1 更为明确，所以统计领域经常遵循"**先控制 α 错误**"的原则。

此外，假设检验方法可以分为两种基本类型：参数假设检验和非参数假设检验。二者的主要区别在于应用前提以及检验统计的设计方法不同，如图 2-14 所示。

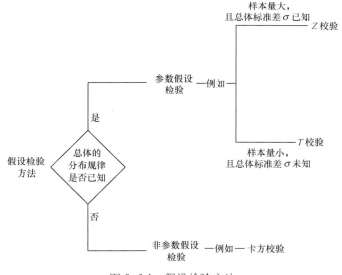

图 2-14　假设检验方法

2.5　常用统计方法及选择

2.5.1　相关分析

相关分析是对变量之间关系密切程度的度量——相关系数的分析方法。相关系数有两种：总体相关系数（ρ）和样本相关系数（r）。通常，由于总体相关系数（ρ）是未知数，我们一般采用样本相关系数（r）进行相关分析。样本相关系数（r）是相对于总体相关系数（ρ）的一种提法，即此类相关系数是根据样本数据计算的，而不是以直接在总体数据上计算的方式得出。通常，样本集 x 和 y 的相关系数 r 的计算公式[①]如下：

$$r = \frac{\sum(x - \overline{x})(y - \overline{y})}{\sqrt{\sum(x - \overline{x})^2 \cdot \sum(y - \overline{y})^2}}$$

式中，$\overline{x}$ 和 $\overline{y}$ 分别为样本集 x 和 y 的均值；r 为样本相关系数。

可见，样本相关系数 r 的取值范围是[-1,1]。$|r|$越趋于 1 表示关系越密切，$|r|$越趋于 0 表示关系越不密切。

根据相关系数的取值大小，通常把相关关系分为完全负相关、负相关、无相关、正相关和完全正相关 5 种，如图 2-15 所示。

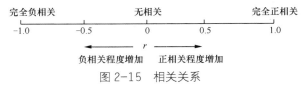

图 2-15　相关关系

我们通过散点图的方式对相关关系进行可视化分析。图 2-16 给出了各种相关关系的示意。从图 2-16 可以看出，我们通常所说的线性相关只是相关关系的特例。

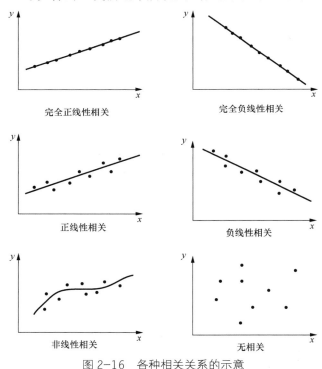

图 2-16　各种相关关系的示意

---

① 此公式中的相关系数又称为 Pearson 相关系数或线性相关系数。

2.5.2 回归分析

回归（Regression）分析是以找出变量之间的函数关系为主要目的的一种统计分析方法。比较常见的回归分析方法有一元回归、多元回归、线性回归和非线性回归等，如图 2-17 所示。

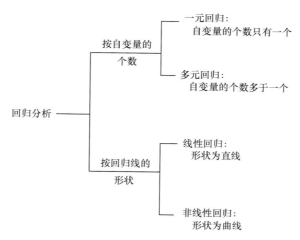

图 2-17 回归分析的类型

2.5.3 方差分析

方差分析主要用于分析"分类型自变量"和"数值型因变量"之间的关系，如图 2-18 所示。以分析彩电的品牌对其销售量的影响为例，"彩电品牌"为自变量，且属于分类型自变量；"彩电销售量"为因变量，且属于数值型因变量。

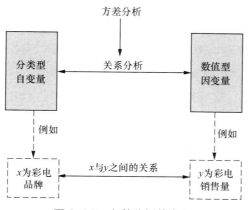

图 2-18 方差分析的含义

通常，方差分析中有 3 个基本假定：① 每个总体都应服从正态分布；② 各个总体的方差必须相同；③ 观察值是独立的。方差分析指通过检验各总体的均值是否相等来判断分类型自变量对数值型因变量是否有显著影响的方法。因此，其基本思想是采用

"随机误差"与"系统误差"之间的对比，检验均值是否相等，即如果系统误差与随机误差有显著的不同，则均值就是不相等的；如果系统误差并不显著地不同于随机误差，均值就是相等的。

根据所分析的分类型自变量的多少，方差分析可分为单因素方差分析和双（多）因素方差分析等。其中，**单因素方差分析**只涉及一个分类型自变量，如分析品牌对彩电销售量的影响。**双（多）因素方差分析**涉及两（多）个分类型自变量，如分析彩电的品牌和销售地区对销售量的影响。

2.5.4　分类分析

分类分析的基本思想是先将大量数据分为若干个类别，再分别分析每个类别的统计特征，通过每个类别的统计特征反映数据总体的特征。分类分析的算法有很多种，如决策树、决策表、贝叶斯网络（Bayesian Network）、神经网络、支持向量机、KNN算法等。本节主要介绍决策树、贝叶斯网络和 KNN 算法。

1．决策树

决策树与人们对动物的树形分类方法类似，分类过程是通过递归方式进行的，每次分类都基于最显著属性进行划分。决策树的最顶层为树的根节点，每个非叶结点表示一个显著属性上的测试，而其后的分支代表基于这个显著属性的划分结果。决策树的实现方法有很多种，如 ID3、C4.5、C5.0、分类和回归树（Classification and Regression Tree，C&R Tree）、卡方自动交互检验法（Chi-squared Automatic Interaction Detector，CHAID）等。

2．贝叶斯网络

贝叶斯网络是基于概率推理的数学模型。其中，**概率推理**指通过一些变量的信息来获取其他的概率信息的过程，主要用于解决不定性和不完整性问题。因此，我们可以从网络结构和条件概率两个视角来理解贝叶斯网络。

（1）贝叶斯网络的**网络结构**是一个有向无环图（Directed Acyclic Graph，DAG），由结点和有向边组成。每个结点代表一个"事件"或者"随机变量"，而有向边表示随机变量的"条件依赖"。表示起因的假设和表示结果的数据均用结点表示，如图 2-19 所示。

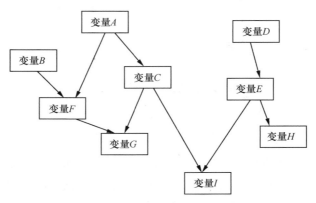

图 2-19　贝叶斯网络的网络结构

（2）条件概率。贝叶斯网络是基于条件概率论提出的，所涉及的条件概率是以贝叶斯公式进行计算，计算方法如下[①]：

$$P(B|A) = \frac{P(A|B)P(B)}{P(A)}$$

式中，$P(A)$ 和 $P(B)$ 分别为事件 A 和 B 的概率；$P(B|A)$ 为事件 A 已发生的条件下事件 B 发生的概率；$P(A|B)$ 为事件 B 已发生的条件下事件 A 发生的概率。

3. KNN 算法

KNN（K-Nearest Neighbor）算法，其基本思路为寻找 k 个最近的邻居，当一个样本在特征空间中的 k 个最相邻的样本中的大多数都属于某一个类别时，该样本也属于这个类别，并具有这个类别上样本的特性。该方法在确定分类决策上只依据最邻近的一个或者几个样本的类别来决定待分类样本所属的类别。KNN 算法在进行类别决策时，只与极少量的相邻样本有关。KNN 算法主要靠周围有限的、邻近的样本来确定所属类别，而不是靠判别类域的方法来确定所属类别。因此，对于类域的交叉或重叠较多的待分类样本集来说，KNN 算法较其他方法更为适合。

2.5.5 聚类分析

与分类分析不同的是，聚类分析要求划分的类别是未知的。聚类分析中的"聚类要求"有两条：一是每个分组内部的数据具有比较大的相似性；二是组间的数据有较大不同。聚类分析方法有很多种，如分层聚类、k-means 聚类、DBSCAN 聚类等。

1. 分层聚类

分层（Hierarchical）聚类是通过尝试"对给定数据集进行分层"的方式达到聚类的一种分析方法。根据分层分解采用的分解策略，分层聚类法又可以分为凝聚（Agglomerative）的分层聚类和分裂（Divisive）的分层聚类。分层聚类的思想比较简单，但为其他聚类算法的提出奠定了基础。**分层聚类的关键在于选择合并点或者分裂点。**一旦一组对象被合并或者分裂，下一步的工作就是在"新形成的类"上进行。通常，分层聚类中已做的处理不能撤销，类之间也不能交换对象。因此，如果合并或者分裂的决策不合理，可能得出低质量的聚类结果。分层聚类算法的另一个缺点是"计算量大"，在决定合并或者分裂之前需要检查和估算大量的数据和类。

2. k-means 聚类

k-means 聚类是一种典型的基于距离的聚类算法，它采用距离作为相似性的评价指标，即认为**两个对象的距离越近，其相似度就越大**。k-means 聚类的目的是寻找固定数目的簇，而每个簇由距离靠近的对象组成。k-means 聚类中的 k 的含义是"该算法第一步是随机地选取任意 k 个对象作为初始聚类的中心"。在 k-means 聚类中，k 个初始聚类中心点的选取对聚类结果的影响较大。

[①] 从该公式可以看出，贝叶斯公式是在"结果"已经发生的条件下，寻找各"原因"发生的条件概率，解决的是追根溯源问题。

3．DBSCAN 聚类

DBSCAN（Density-Based Spatial Clustering of Applications with Noise）聚类是一种经典的基于密度的聚类算法，它采用密度作为划分簇的依据，即具有足够密度的区域将被划分为一簇，并可以在有噪声的空间数据中发现任意形状的簇。DBSCAN 算法的目的是识别空间中具有足够密度的区域并将其标记为簇，将密度无法可达的点标记为噪声。密度由半径 *eps* 和最小样本数 Min*Pts* 决定，簇定义为密度相连的点的最大集合。在 DBSCAN 聚类中，半径 *eps* 和最小样本数 Min*Pts* 的选取对聚类结果有较大影响。

2.5.6　时间序列分析

"时间序列"是按时间顺序排列的数字序列。**时间序列分析**就是利用此组数列，并采用数理统计方法加以处理，进而预测未来事物的发展。时间序列分析是定量预测方法之一，它的基本假设如下：一是承认事物发展的延续性，可应用历史数据推测事物的发展趋势；二是考虑到事物发展的随机性，任何事物发展都可能受偶然因素影响，为此要利用统计分析中加权平均法对历史数据进行处理。因此，时间序列预测一般反映 3 种实际变化规律：趋势变化、周期性变化和随机性变化。

时间序列建模包括以下 3 个主要阶段：一是采用观测、调查、统计、抽样等方法，取得被观测系统的时间序列动态数据；二是根据动态数据作相关图，进行相关分析，求自相关函数，相关图能显示出变化的趋势和周期，并发现动态数据中的跳点与拐点；三是辨识合适的随机模型并进行曲线拟合，即使用通用随机模型去拟合时间序列的观测数据。

对于短的或简单的时间序列，可使用趋势模型和季节模型加上误差来进行拟合；对于平稳时间序列，可使用通用的自回归滑动平均模型（Auto-Regressive Moving Average Model，ARMA）及其特殊情况的自回归模型、滑动平均模型等来进行拟合；对于非平稳时间序列则要先将观测到的时间序列进行差分运算，转化为平稳时间序列，再使用适当模型去拟合该差分序列。

2.5.7　关联规则分析

在关联规则分析中，"关联"指形如 $X{\to}Y$ 的蕴涵式，其中 X 和 Y 分别称为关联规则的先导（Antecedent 或 Left-Hand-Side，LHS）和后继（Consequent 或 Right-Hand- Side，RHS）。每个关联规则 $X{\to}Y$ 存在两个指标，即支持度和信任度。其中，"支持度"指数据集合中包含 $X{\cup}Y$ 的样本占全部样本的百分比，即 Support$(X{\to}Y)$=P$(X{\cup}Y)$；"信任度"指包含 $X{\cup}Y$ 的样本数与包含 X 的样本数的比值，即 Confidence$(X{\to}Y)$=P$(X|Y)$。

通常，关联规则分析过程主要包含两个阶段：一是从资料集合中找出所有的高频项目组（Frequent Item Sets）；二是再由这些高频项目组产生关联规则（Association Rules）。关联规则分析的算法有很多种，如 Apriori 算法、FP-树频集算法和 Eclat 算法等。

关联规则分析最著名的成功案例之一是沃尔玛"尿布与啤酒"的案例。沃尔玛数据仓库集中了其各门店的详细原始交易数据。在这些原始交易数据的基础上，沃尔玛利用数据挖掘方法对这些数据进行分析和挖掘。一个意外的发现是：与尿布一起被购买最多的商品竟然是啤酒。经过大量的调查和分析，他们揭示了一个隐藏在"尿布与啤酒"背后的美国人的一种行为模式——在美国，一些年轻的父亲下班后经常要到超市买婴儿尿布，而他们中有 30%～40% 的人会同时为自己买一些啤酒。产生这一现象的原因是：美国的太太们常叮嘱她们的丈夫下班后为小孩买尿布，而丈夫们在买尿布后又顺便带回了他们喜欢的啤酒。

2.6 统计学面临的挑战

随着理论研究与实践需求的发展，尤其是大数据的出现，统计学中不断出现新的研究视角和研究课题，其研究范围和研究方法也在不断地被挑战和更新。迈尔-舍恩伯格与库克耶在其著名论著《大数据：一场改变我们生活、工作和思维方式的革命》（*Big data: A revolution that will transform how we live，work，and think*）中提出了大数据时代的思维变革，如图 2-20 所示。

（1）不是随机样本，而是全体数据。大数据时代应遵循"样本接近总体"的理念，需要分析与某事物相关的所有数据，而不是分析随机样本。

（2）不是精确性，而是混杂性。大数据时代应承认数据的复杂性，数据分析不应追求精确性。数据分析的主要瓶颈是提高效率而不是保证分析结果的精确性。

（3）不是因果关系，而是相关关系。大数据时代的思想方式已经转变——不再探求难以捉摸的因果关系，而是关注事物的相关关系。

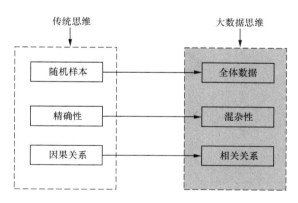

图 2-20 大数据时代的思维变革

2.7 Python 编程实践

【分析对象】

txt 文件——文件名为"Pearson.txt"，数据内容来自卡尔·皮尔逊（Karl Pearson）

在 1903 年对 1078 对夫妇的观察，取父亲的身高为自变量，取其成年儿子的身高为因变量（注：数据文件见本书配套资源）。

【分析目的与任务】

理解统计建模在数据科学中的应用——以一元线性回归方法进行分析。

首先，取父亲的身高为自变量，取其成年儿子的身高为因变量。

其次，训练模型并查看其统计量。

接着，评价模型拟合优度及假设检验。

最后，将模型用于预测新数据。

【方法及工具】

Python 及 Statsmodels 包。

【主要步骤】

要实现上述目的的主要步骤如下：数据读取、数据理解、数据准备、模型类型的选择与超级参数的设置、训练具体模型及查看其统计量、拟合优度评价、建模前提假定的讨论和模型的应用。

Step 1：数据读取

当前工作目录是 Python 数据分析中常用的基本概念，它代表的是 Python 解释器直接读写数据文件的路径。通常，我们采用 Python 模块 os 中的函数 chdir() 和 getcwd() 分别进行当前工作目录的查看和更改操作。此外，按照 Python 代码编写的惯例，在程序开始处将本例所需的 Python 包——Pandas、Numpy 和 matplotlib.pyplot 也导入到当前会话中，并在后续代码中分别用于数据框（关系表）处理、矩阵计算和数据可视化。

本例所涉及的数据文件为 "Pearson.txt"，读者可以从本书配套资源中找到该文件并复制到当前工作目录。示例如下。

In[1]
```
#导入常用 Python 包/模块
import pandas as pd
import numpy as np
import matplotlib.pyplot as plt
import os

#更改当前工作目录
os.chdir(r'C:\Users\soloman\clm')
    #【提示】此处，路径 "C:\Users\soloman\clm" 是示例，读者可自行设置其他
    路径

#查看当前工作目录
print(os.getcwd())
```

对应输出结果为：

```
C:\Users\soloman\clm
```

然后，使用 Python 第三方包 Pandas 提供的函数 read_table() 将当前工作目录中的

数据文件 Pearson.txt 读取至 Pandas 数据框 df_heights 中，并使用 Pandas 包中的函数 head()或 tail()显示数据框 df_heights 的前 5 行或后 5 行数据。示例如下。

```
In[2]
#从当前工作目录读取数据文件 Pearson.txt
df_heights = pd.read_table("Pearson.txt")

#查看数据框 df_heights 的后 5 行
df_heights.tail()
    #【提示】默认情况下，tail()函数显示的是数据框的后 5 行
```

对应输出结果为：

```
Father    Son
107367.0  70.8
107471.3  68.3
107571.8  69.3
107670.7  69.3
107770.3  67.0
```

Step 2：数据理解

数据理解是执行数据科学项目的前提。数据理解以业务理解（Business Understandings）为前提。由于本例所涉及的业务非常简单，因而不再赘述其业务理解问题。常用的数据理解方法有查看数据形状、显示列名或模式信息、查看描述性统计信息等。示例如下。

```
In[3]
#查看数据形状
df_heights.shape
```

对应输出结果为：

```
(1078, 2)
```

```
In[4]
#显示列名或模式信息
print(df_heights.columns)
```

对应输出结果为：

```
Index(['Father', 'Son'], dtype='object')
```

```
In[5]
#查看描述性统计信息
df_heights.describe()
```

对应输出结果为：

	Father	Son
count	1078.000000	1078.000000
mean	67.686827	68.684230
std	2.745827	2.816194
min	59.000000	58.500000
25%	65.800000	66.900000
50%	67.800000	68.600000
75%	69.600000	70.500000
max	75.400000	78.400000

```
In[6]
#采用数据可视化方法理解数据
%matplotlib inline
```

```
plt.scatter(df_heights['Father'], df_heights['Son'])
plt.show()
```

对应输出结果为：

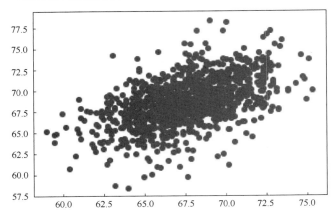

Step 3：数据准备

在基于 Python 的统计建模中，人们通常采用 Python 第三方包 statsmodels、statistics 和 sciKit-learn 等实现数据建模的目的。值得一提的是，上述统计建模的 Python 包通常对所需建模的数据模态均有特殊要求——需要事先将原始数据集分解成自变量和因变量。其中，自变量需要用"特征矩阵"表示，因变量需要用"目标向量"表示。因此，我们需要对数据框 df_heights 进行数据准备、数据预处理工作，示例如下。

In[7]
```
#准备线性回归的特征矩阵（X）和目标向量(y)

X = df_heights['Father']
y = df_heights['Son']

X[:10]
```

对应输出结果为：

```
0    65.0
1    63.3
2    65.0
3    65.8
4    61.1
5    63.0
6    65.4
7    64.7
8    66.1
9    67.0
Name: Father,dtype: float64
```

In[8] `y[:10]`

对应输出结果为：

```
0    59.8
1    63.2
```

```
2    63.3
3    62.8
4    64.3
5    64.2
6    64.1
7    64.0
8    64.6
9    64.0
Name: Son,dtype: float64
```

Step 4：模型类型的选择与超级参数的设置

从本例题 Step 2 的数据可视化结果中可看出，我们可以尝试采用简单线性回归分析方法进行建模。为此，我们导入常用于统计建模的 Python 第三方包 statsmodels，示例如下。

In[9]
```
#导入 Python 第三方包 statsmodels。
import statsmodels.api as sm
```

接下来，采用 statsmodels 包提供的函数 OLS()进行简单线性回归。需要注意的是，在默认情况下，OLS()函数的训练结果中并不含截距项（Intercept）。如果在数据建模中需要截距项，必须进一步预处理数据，即在自变量所对应的特征矩阵中增加一个特殊的预定义列——列名为 const，该列中的每一行取值均为 1。为此，statsmodels 包提供了另一个函数.add_constant()。我们通过调用.add_constant()函数可以轻松地实现向特征矩阵插入 const 列。

In[10]
```
#向特征矩阵插入 const 列
X_add_const=sm.add_constant(X)

    #【提示】为 X 新增一列，列名为 const，每行取值1.0
    #【注意】建议不要将此行代码写成 "X=sm.add_constant(X)"，否则第一次
    执行该 cell 时才能得到正确结果；当多次执行时，每次执行该 cell 时 X 的值
    发生改变

#显示插入 const 列后的自变量
X_add_const.head()
```

对应输出结果为：

	const	Father
0	1.0	65.0
1	1.0	63.3
2	1.0	65.0
3	1.0	65.8
4	1.0	61.1

最后，通过调用 statsmodels 包提供的 OLS()函数，对已预处理好的数据集（此处自变量为 X_add_const 和因变量 *y*）进行简单线性回归，并存放在 Python 对象 myModel 中，以便后续对其进行拟合和预测活动。示例代码如下。

In[11]

```
#将超级模型和数据集提交给 Python 解释器
myModel = sm.OLS(y, X_add_const)

#【提示】函数 sm.OLS() 的前两个形式参数分别为 endog 和 exog。在包
statsmodels 的开发者看来，"y 和 x 对于这个模型来说分别是内生的（endog）
和外生的（exog）"
```

Step 5：训练具体模型及查看其统计量

需要注意的是，运行本例 Step 4 中的代码行 "myModel = sm.OLS(y, X_add_const)"
时，并未完成线性回归的拟合操作，拟合操作的执行需要通过调用 statsmodels 提供的
另一个函数 fit() 来实现。拟合完成后，可以使用 statsmodels 提供的函数 summary() 查
看拟合结果。示例如下。

In[12]

```
#模型拟合
results = myModel.fit()

#查看拟合结果
print(results.summary())
```

对应输出结果为：

```
OLS Regression Results
==============================================================
Dep. Variable:              Son   R-squared:              0.251
Model:                      OLS   Adj. R-squared:         0.250
Method:           Least Squares   F-statistic:            360.9
Date:          Wed, 18 Dec 2019   Prob (F-statistic):   1.27e-69
Time:                  11:01:32   Log-Likelihood:       -2489.4
No. Observations:          1078   AIC:                    4983.
Df Residuals:              1076   BIC:                    4993.
Df Model:                     1
Covariance Type:      nonrobust
==============================================================
                coef    std err      t      P>|t|    [0.025    0.975]
--------------------------------------------------------------
const        33.8928     1.833   18.491     0.000    30.296    37.489
Father        0.5140     0.027   18.997     0.000     0.461     0.567
==============================================================
Omnibus:                 17.527   Durbin-Watson:            0.765
Prob(Omnibus):            0.000   Jarque-Bera (JB):        30.642
Skew:                    -0.052   Prob(JB):              2.22e-07
Kurtosis:                 3.819   Cond. No.               1.67e+03
==============================================================

Warnings:
[1] Standard Errors assume that the covariance matrix of the errors is
correctly specified.
[2] The condition number is large, 1.67e+03. This might indicate that
there are strong multicollinearity or other numerical problems.
```

在 summary() 函数的返回结果中可以找到统计建模结果的关键参数，如拟合系数
（Coef）、拟合优度（R 方，R-squared）、F 值（F-statistic）、DW 统计量（Durbin-Watson）

和 *JB* 统计量(Jarque-Bera)及它们的 *P* 值。当然，我们可以采用 statsmodels 包提供的其他函数或属性，分别显示上述参数。以查看回归系数，即斜率和截距项为例，示例如下。

```
In[13]   #查看斜率和截距项
         results.params
```

对应输出结果为：

```
const     33.892801
Father     0.514006
dtype: float64
```

Step 6：拟合优度评价

除了调用 summary()函数外，我们还可以利用 statsmodels 包提供的 rsquared 属性查看拟合结果的优度——R 方。

```
In[14]   #【显示 R 方（决定系数）】
         results.rsquared

           #【提示】R 方的取值范围为[0,1]，越接近 1，说明 "回归直线的拟合优度越好"
```

对应输出结果为：

```
0.25116403263425147
```

Step 7：建模前提假定的讨论

在基于统计学方法完成数据分析、数据科学任务时，不仅要进行模型优度的评价，而且还需要重点分析统计分析方法的应用前提假定是否成立。因为统计分析都建立在一个或多个 "前提假定条件" 之上。以简单线性回归为例，其 "前提假定条件" 有：

（1）*X* 和 *y* 之间存在线性关系，检验方法为计算 "*F* 统计量"，示例如下。

```
In[15]   #查看 F 统计量的 P 值
         results.f_pvalue

           #【提示】F 统计量的 P 值——用于检验【X 和 y 之间是否存在线性关系】。自变量（X）
           和因变量（y）之间存在线性关系是 "线性回归分析" 前提假定之一。

           #【提示】查看 P 值是否小于 0.05
```

对应输出结果为：

```
1.2729275743657959e-69
```

（2）残差项（的各期）之间不存在自相关性，检验方法为计算 "Durbin-Watson 统计量"，示例如下。

```
In[16]   #查看 Durbin-Watson 统计量
         sm.stats.stattools.durbin_watson(results.resid)

           #【提示】通常，Durbin-Watson 统计量用于检查 "残差项之间不存在自相关性"，
           残差项（的各期）之间相互独立是线性回归分析的另一个前提假定
```

对应输出结果为：

```
0.764609072811116
```

（3）残差项为正态分布的随机变量，检验方法为计算"*JB* 统计量"，示例如下。

In[17]
```
#查看 JB 统计量及其 P 值
sm.stats.stattools.jarque_bera(results.resid)
```

#【提示】该函数的返回值有 4 个，分别为 *JB* 值，*JB* 的 *P* 值，峰度和偏度

#【思路】*JB* 统计量用于检验"残差项为正态分布"，残差项属于正态分布是线性回归分析的前提假定之一

对应输出结果为：

```
(30.64219867294703,
 2.2188661329538247e-07,
-0.05180726198181561,
3.819429749308355)
```

模型优度和模型前提假定均成立时，我们可以通过调用 statsmodels 包提供的 predict()函数实现"模型预测"的目的。需要注意的是，当 predict()函数的参数为空时，训练数据为自变量（X）预测对应的因变量（y）。示例如下。

In[18]
```
#用新模型 results 进行预测
y_predict=results.predict()
y_predict
```

对应输出结果为：

```
array([67.30318486, 66.4293748 , 67.30318486, ..., 70.79842506,
70.23301856, 70.02741619])
```

Step 8：模型的应用

通常，训练模型主要采用 statsmodels 包提供的 predict()函数或 tranform()函数实现。二者的区别在于，predict()函数另生成一个数据对象来记录目标向量（y），而 tranform()函数直接替换原有数据框中的目标向量（y）的值。需要注意的是，predict()函数和 tranform()函数的实参必须与训练该模型时的自变量的数据模型一致。本例仅介绍 predict()函数。例如，本例中，特征矩阵中增加了一个常数项列 const，取值为 1。示例如下。

In[19]
```
#可视化显示回归效果
plt.rcParams['font.family'] = 'simHei'
plt.plot(df_heights['Father'],df_heights['Son'],'o')
plt.plot(df_heights['Father'],y_predict)
plt.title('父亲身高与儿子身高的线性回归分析')
plt.xlabel('父亲')
plt.ylabel('儿子')
```

对应输出结果为：

```
Text(0,0.5,'儿子')
```

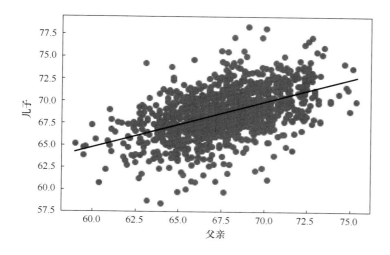

最后，将模型应用于训练集和测试集之外的"新数据"，如当父亲的身高 70 英寸（1 英寸=2.54 厘米）时，预测其儿子的身高。

```
In[20]    # 模型预测
          h = 70
          results.predict([1,h])
```

对应输出结果为：

```
array([69.87321442])
```

可见，当父亲的身高为 70 英寸时，该模型的预测结果为 69.873 214 42 英寸。

2.8 继续学习本章知识

在数据科学项目中，统计学方法往往与其他方法综合使用，最有代表性的是数据挖掘。数据挖掘是一门综合性较强的新兴学科，除了统计学，还涉及数据库技术、人工智能、机器学习、系统论、可视化技术、模式识别等多个学科领域。1996 年，SPSS、NCR 和 DaimlerChrysler 等公司提出了数据挖掘跨行业标准过程（Cross-Industry Standard Process for Data Mining，CRISP-DM），将数据挖掘过程定义为 6 个阶段：业务理解、数据理解、数据准备、建模、评价与解释和部署，如图 2-21 所示。

（1）业务理解（Business Understanding）。数据挖掘工作不能脱离开业务，正确理解业务需求是数据挖掘的重要前提。信息分析师需要从业务视角理解数据挖掘项目的目标和要求，并将业务需求转换为数据挖掘任务。业务理解所涉及的主要工作有确定业务目标、现状评估、确定数据挖掘目标和制订数据挖掘计划。

（2）数据理解（Data Understanding）。在正确理解业务及需求的基础上，信息分析师需要在数据层次上理解被挖掘的数据集，包括其格式、数量、模式、位置等。数据理解是选择恰当的数据挖掘算法的关键，可以避免数据算法的盲目选用。数据理解所涉及的主要工作有收集原始数据、描述和探索数据、检验数据质量等。

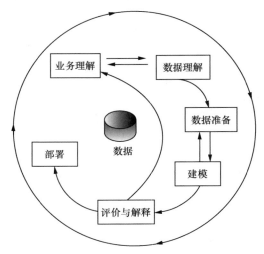

图 2-21　CRISP-DM 数据挖掘各阶段

（3）数据准备（Data Preparation）。数据准备是对目标数据集进行清理、整理和归并等处理工作，目的是以便采用具体数据挖掘技术进行信息分析。数据准备的质量将直接影响数据挖掘算法的运行效果和效率。数据准备工作包括选择、清洗、构建、集成和格式化数据等。

（4）建模（Modeling）。在数据准备的基础上，采用各种统计学方法和建模技术，建模的目的就是选择或设计具体的数据挖掘算法，确保数据挖掘算法与目标之间的一致性。建模阶段所涉及的主要工作有选择建模技术、产生检验方案、建立数据挖掘模型和设计评价模型。

（5）评价与解释（Evaluation and Explanation）。评价的目的是对数据挖掘结果的信度和效度进行评价，而解释的目的是，向用户尤其是非计算机类专业用户解释数据挖掘结果。评价和解释阶段的主要工作有根据算法本身的设计原理选择合适的评价方法和根据目标用户的特点选择合适的模型解释技术。

（6）部署（Deployment）。部署的目的是将数据挖掘的结果部署到实际业务和应用系统。部署阶段的主要工作有发布部署计划、制订监测与维护计划、撰写数据挖掘的最终报告和给出最终评价。

值得一提的是，考虑到课程定位和篇幅所限，本章并没有讲解具体统计方法的原理及其应用。但是，我们在运行数据科学的实际项目时必须掌握常用统计方法的原理、应用场景、数据准备方法、结果解读方法及注意事项。从数据科学视角来看，需要掌握的重要统计方法有以下几种。

（1）广义线性模型（是多数监督机器学习方法的基础，如逻辑回归和 Tweedie 回归）。

（2）时间序列方法（ARIMA、SSA、基于机器学习的方法）。

（3）结构方程建模（针对潜变量之间的关系进行建模）。

（4）因子分析（调查设计和验证的探索型分析）。

（5）功效分析/试验设计（特别是基于仿真的试验设计，以避免分析过度）。

（6）非参数检验（MCMC 等）。

（7）k-means 聚类。

（8）贝叶斯方法（朴素贝叶斯、贝叶斯模型平均、贝叶斯适应性试验等）。

（9）惩罚性回归模型（弹性网络、Lasso、LARS 等）以及对通用模型（SVM、XGBoost 等）加罚分，这对于预测变量多于观测值的数据集很有用，在基因组学和社会科学研究中较为常用。

（10）样条模型（MARS 等），主要用于流程建模。

（11）马尔可夫链和随机过程（时间序列建模和预测建模的替代方法）。

（12）缺失数据插补方法及其假设（missForest、MICE 等）。

（13）生存分析（主要特点是考虑了每项观测出现某一结果的时间长短）。

（14）混合建模。

（15）统计推断和组群测试（A/B 测试以及用于营销活动的更复杂的方法）。

此外，建议读者根据自己所属领域重点学习面向该领域的专用模型。

习　　题

一、选择题

1. 从学科定位看，数据科学处于（　　　）的重叠之处，具有显著的跨学科性。

A．数学与统计知识　　　　　　　B．计算机科学

C．3C 精神与技能　　　　　　　D．领域实务知识

2. 以下提法中正确的是（　　　）。

A．数据科学中的"数据"并不仅仅是"数值"，也不等同于"数值"

B．数据科学中的"计算"并不仅仅是加、减、乘、除等"数学计算"，还包括数据的查询、挖掘、洞见、分析、可视化等更多类型

C．数据科学关注的是"单一学科"的问题

D．数据科学强调的是"理论研究"，一般不涉及"领域实务知识"

3. 数据科学领域常用的工具之一——（　　　）是统计学家发明的语言。

A．Python　　　　　　　　　　B．R

C．Java　　　　　　　　　　　D．C 语言

4.（　　　）一般采用图表或数学方法描述数据的统计特征，如分布状态、数值特征等。

A．推断统计　　　　　　　　　　B．预测分析

C．描述统计　　　　　　　　　　D．诊断分析

5．2014 年 3 月，Lazer D、Kennedy R 和 King G 等在 *Science* 上发表了一篇标题为《谷歌流感的寓言：大数据分析的陷阱》（*The Parableof Google Flu: Trapsin Big Data Analysis*）的论文，提出 GFT 出现预测不准确性的主要原因是（　　）。

　　A．大数据浮夸　　　　　　　　　B．算法动态性和用户行为的变化
　　C．原始算法的设计错误　　　　　D．一直在虚假报道

6．迈尔-舍恩伯格与库克耶在其著名论著《大数据：一场改变我们生活、工作和思维方式的革命》中提出了大数据时代统计的思维变革包括（　　）。

　　A．不是知识驱动，而是数据驱动　　B．不是随机样本，而是总体数据
　　C．不是精确性，而是混杂性　　　　D．不是因果关系，而是相关关系

7．关于统计学与数据科学的内在联系，以下描述中正确的是（　　）。

　　A．统计学是数据科学的主要理论基础之一
　　B．统计学家在数据科学的发展中做出过突出贡献
　　C．数据科学是统计学的一个子学科
　　D．数据科学领域常用的工具之一——R 是统计学家发明的语言

8．以下选项中属于描述统计的是（　　）。

　　A．集中趋势分析　　　　　　　　B．离中趋势分析
　　C．相关分析　　　　　　　　　　D．假设检验

9．"先对总体的参数 μ 的值提出一个假设，然后利用样本统计量来检验这个假设是否成立"的方法，属于统计学中的（　　）。

　　A．非参数检验　　　B．点估计　　　C．区间估计　　　　D．参数假设检验

10．在数据科学中，常用的元分析法有（　　）。

　　A．逻辑回归　　　B．多项式回归　　C．加权平均法　　　D．优化方法

11．在有异常值的情况下，中位数和均值哪个评价结果更合理和贴近实际（　　）。

　　A．均值　　　　　　　　　　　　B．中位数
　　C．中位数和均值均可以　　　　　D．中位数和均值均不可以

12．对于具有单峰分布的大多数数据而言，如果数据是左偏分布，则众数、中位数和均值之间的关系是（　　）。

　　A．众数=中位数=算术平均数　　　B．算术平均数＜中位数＜众数
　　C．众数＜中位数＜算术平均数　　　D．中位数＜众数＜算术平均数

二、调研与分析题

1．调查并通过实验分析 SPSS Statistics、SPSS Modeler、SPSS Analytic Server 和 SPSS Analytic Catalyst 的区别与联系。

2．结合自己的专业领域，调研自己所属领域的统计分析方法、技术与工具。

3．调研常用统计分析工具软件（包括开源系统），并进行对比分析。

第**3**章　机器学习与算法

本章学习提示及要求

了解：

- 机器学习与数据科学的区别与联系。
- 大数据环境下机器学习面临的主要挑战。

理解：

- 数据科学中应用机器学习的基本步骤。
- 算法的类型及选择方法。

掌握：

- 面向机器学习的数据划分及准备方法。
- 机器学习中对模型的评估方法。

熟练掌握：

- 基于 Python 的机器学习编程实践。

机器学习与
算法

3.1　数据科学与机器学习

机器学习是数据科学的主要理论基础之一，如图 3-1 所示。数据科学是一门交叉性学科，通过机器学习，数据科学可以弥补传统统计学和数据可视化在大数据分析中的不足，进而实现人机协同数据处理和基于数据的人工智能。

从数据科学视角看，机器学习的基本思路如图 3-2 所示：**以现有的或部分数据（训练集）作为学习素材（输入），通过特定的学习方法（机器学习算法），使机器学习到（输出）能够处理更多或未来数据的新能力（目标函数）**。但是，由于在实际工作中通常很难找到目标函数的**精确定义**，机器学习中通常采用**函数逼近方法**进行目标函数估计。

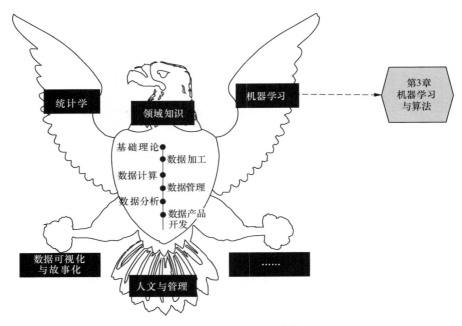

图 3-1　数据科学与机器学习

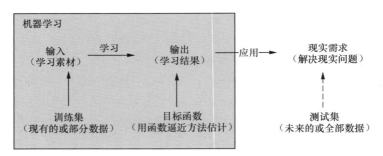

图 3-2　机器学习的基本思路

用函数逼近方法估计目标函数的思路一般采取正则化（Regularization）方法，将目标函数分为"误差函数"和"正则化项"。图 3-3 所示为目标函数、误差函数和正则化项的区别与联系。

（1）**目标函数**（Target Function）又称为"评价函数（Evaluation Function）"。从计算机角度看，多数机器学习算法都需要最大化或最小化一个函数，我们将这类函数称为"目标函数"。由于通常无法直接、精确地表示目标函数，一般将其分解为两个部分：误差函数和正则化项。

（2）**误差函数**（Error Function）又称为损失函数（Loss Function）或成本函数（Cost Function），其取值为"真实值"和"预测值"之间的误差。例如，某同学的真实身高为 1.85m，然而通过机器学习算法计算出的预测值 1.84m，那么误差为 0.01m。误差函数用来评估预测值与真实值之间的一致程度。

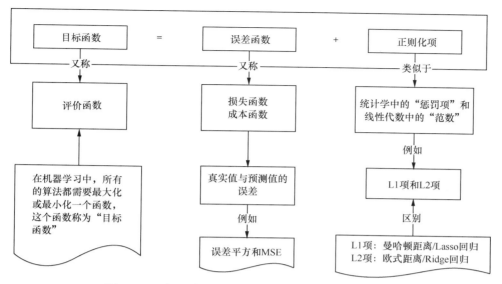

图 3-3　目标函数、误差函数和正则化项的区别与联系

（3）正则化（Regularization）项。**在机器学习中**，如果单方面追求"误差函数"的取值最小，则很容易造成机器学习的"过拟合"现象。所谓"**过拟合（Overfit）**"就是目标函数在已知数据（如训练集）上的拟合性能非常高（如准确率达到 100%），而在未知数据（如测试集或新数据）上的拟合准确率低（如准确率低于 50%）。为了防止过拟合现象的出现，机器学习通常采取"正则化项"。由于在语义上类似于统计学中的"惩罚项"，机器学习的"正则化项"有时也被称为惩罚项。在数据科学中，常见的正则化项有 L1 项（L1 Loss）和 L2 项（L2 Loss），二者的区别在于所涉及的距离计算方法和回归方法不同。

> 🔮**知识链接**
>
> 　　在机器学习中，正则化指为解决过拟合而加入额外信息的过程，即将正则化项附加到目标函数的过程，可用如下公式表示：
>
> 目标函数=误差函数+正则化项
>
> 　　其中，目标函数指机器学习要学习的函数；误差函数又称为"代价函数"，一般用于评估模型的预测值 $f(x)$ 与真实值 Y 的差距，如均方误差（Mean Square Error, MSE）。

值得注意的是，**对于数据科学的入门者而言，应重视"机器学习原理的应用"，而不应过早纠结"机器学习原理的设计"**。因此，本章的定位并不是系统介绍机器学习的全部知识，而是从数据科学的视角简要介绍机器学习的基本知识点和主要思维模式，帮助读者掌握机器学习的主要思想及其在数据科学中的应用方法。

3.2 机器学习的应用步骤

机器学习的应用步骤主要包括数据理解、数据准备、模型训练、模型评估、模型优化与重新选择，以及模型的应用等，如图 3-4 所示。

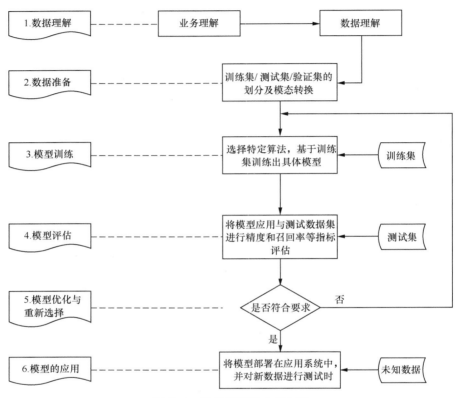

图 3-4　机器学习的应用步骤

1．数据理解

数据理解应以业务理解为基础。业务理解所涉及的主要活动有：确定业务目标，分析业务现状、趋势及存在问题，确定数据科学目标以及制订数据科学项目计划等；在正确理解业务及需求的基础上，数据科学家需要进一步在数据层次理解所处理的任务。数据理解是数据准备和选择机器学习算法的关键所在。数据理解所涉及的主要活动包括数据与业务之间的映射关系的理解以及采用描述性统计学、探索型分析（Exploratory Data Analysis，EDA），以及可视化分析方法对数据的分布、个数、均值、最大值、最小值和相关关系进行分析，为数据准备和算法选择等后续步骤奠定基础。关于数据理解的更多知识参见本书第 2 章。

2．数据准备

根据机器学习的要求，将已获得的数据随机地划分为训练集、测试集和验证集，具体参见本章 3.3 节。除了数据集的划分，通常还需要进行数据标准化、特征选择、数据规整化处理等操作，具体参见本书第 5 章。

3．模型训练

根据业务需求及数据特征，选择某一个机器学习算法，并以"训练集"为基础训练出具体模型。关于数据科学中常用算法的类型及选择方法，具体参见本章 3.4 节。

4．模型评估

将上一步骤中训练出的具体模型应用于"测试集"，通过绘制学习曲线、计算混淆矩阵及评估精度和召回率等方法评估新模型的优度，进而判断模型是否存在"过拟合"或"欠拟合"现象，具体见本章 3.5 节。

5．模型优化与重新选择

当模型评估结果并不满足业务需求时，数据科学家需要进行超级参数（Hyperparameter）的调优以及尝试其他算法。由于有些算法的超级参数无法自动优化其取值（如支持向量机算法中的 C 参数），数据科学家需要另行处理超级参数的调优。在超级参数的调优有 3 种常用方法：网格搜索（Grid Search）、随机搜索和贝叶斯超级参数优化。

6．模型应用

当发现新模型的信度和效度已符合业务需求时，可以将该模型实现并部署在应用系统中，用于解决实际问题。

3.3 数据划分及准备方法

机器学习的数据集分为训练集、测试集和验证集 3 种，如图 3-5 所示。也就是说，基于机器学习的数据科学实践需要将数据随机地拆分为 3 个子集——训练集、测试集和验证集。3 个子集的占比没有规定的比例，但训练集的占比应最大，从经验上讲，三者比例应为 7:1.5:1.5 或 9.5:0.25:0.25。

（1）**训练集**（Training Set）用于模型的训练。以数据集 bc_data.csv 为例，我们可以随机选取 75%的样本作为训练集，训练出一个能够自动诊断癌症病例的模型——Cancer Model。

（2）**测试集**（Testing Set）用于模型的评估。例如，从数据集 bc_data.csv 中随机选取 15%的样本作为测试集，用于评估模型 Cancer Model 的性能。具体评估方法为生成混淆矩阵，并计算精度和召回率，详见本章 3.5 节。

（3）**验证集**（Validation Set）用于算法选择和参数调整。用于训练模型 Cancer Model 的算法可能有多种，到底哪一个算法更优？有时算法本身需要设置超级参数，如何设置最优参数值？以上两个问题的回答将应用于验证集。

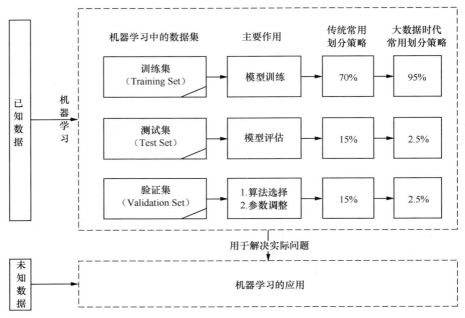

图 3-5　机器学习中的数据划分

在 Python 机器学习包——scikit-learn 中提供了专用函数 sklearn.model_selection. train_ test_split()，可用于训练集和测试集的划分，该函数的形式参数 test_size 为测试集的占比，如图 3-6 所示，更多内容见 scikit-learn 的官方文档。

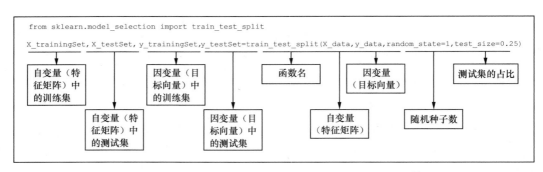

图 3-6　sklearn.model_selection.train_test_split()函数

除了测试集、训练集和验证集的划分，机器学习中的数据准备还涉及特征选择、数据标准化、数据标注、缺失值和异常值的处理等，详见本书第 5 章。

3.4　算法类型及选择方法

根据学习任务的不同，机器学习算法通常分为有监督学习（Supervised Learning）、无监督学习（Unsupervised Learning）和半监督学习（Semi-Supervised Learning），如图 3-7 所示。

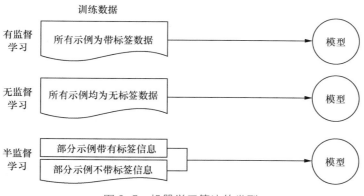

图 3-7　机器学习算法的类型

1．有监督学习

有监督学习使用已知模式预测数据，其使用前提是训练集为带标签数据（Labeled Data），即训练集中的每个示例（Examples）均带有自己的输出值——标签（Labels）。常见的有监督学习算法有最近邻（Nearest Neighbor）、朴素贝叶斯、决策树、随机森林、线性回归、支持向量机（Support Vector Machines ，SVM)和神经网络分析等。

2．无监督学习

无监督学习常用于从数据中发现未知的模式信息，当训练集中是不带标签的信息时，通常采用无监督学习算法。常见的无监督学习算法有 k-means 聚类、主成分分析、关联规则分析等。

3．半监督学习

当训练集中的部分样本缺少标签信息时，通常采用半监督学习。常见的半监督学习算法有半监督分类方法（如生成式方法、判别式方法等）、半监督回归方法（如基于差异的方法、基于流形学习的方法）、半监督聚类方法（如基于距离的方法和大间隔方法等）和半监督降维方法（如基于类标签的方法和基于成对约束的方法）。

除了上述方法之外，增强学习也是一种常用的机器学习方法。增强学习主要研究的是如何协助自治 Agent 的学习活动，使之完成选择最优动作的目标。增强学习中讨论的 Agent 需要具备与环境的交互能力和自治能力，当 Agent 在其环境中做出每个动作时，施教者会提供奖赏或惩罚信息，以表示结果状态的正确与否。通常，强化学习任务使用马尔科夫决策过程描述，常用的强化学习算法有蒙特卡洛强化学习算法和 Q-Learning 算法。

此外，通常根据属性值是否为连续属性（即可以取无穷多个可能值的属性），将有监督学习算法和无监督学习算法进一步分为五大类，如图 3-8 所示。

	无监督学习算法	有监督学习算法
连续型	与聚类对齐 k-means/GMM/LVQ DBSCAN AGNES 降维 SVD/PCA	回归 线性回归 多项式回归 泊松回归
分类型	关联规则分析 Apriori FP-Growth	分类 KNN 逻辑回归 朴素贝叶斯 SVM 决策树与随机森林

图 3-8　有监督学习算法和无监督学习算法的分类

（1）**聚类**（Clustering）属于一种无监督学习算法，所涉及的属性为连续型属性（Continuous Attribute）。常见的聚类算法有 k-means 聚类、高斯混合聚类（Gaussian Mixture Model，GMM）、学习向量量化（Learning Vector Quantization，LVQ）和聚集嵌套（Agglomerative Nesting，AGNES）算法等。

（2）**分类**（Classification）属于一种有监督学习算法，所涉及的属性为分类型属性（Categorical Attribute）。常见的分类算法有 K 近邻（K-Nearest Neighbor，KNN）、逻辑回归、朴素贝叶斯、支持向量机（Support Vector Machine，SVM）、决策树与随机森林等算法。

（3）**回归**（Regression）属于一种有监督学习算法，所涉及的属性为连续型属性，常见的回归算法有线性回归、多项式回归、泊松回归等。决策树与随机森林算法既可以用于解决分类问题，也可以用于解决回归类问题。

（4）**降维**（Dimensionality Reduction）属于一种无监督学习算法，所涉及的属性为连续型属性，常见的降维算法有奇异值分解（Singular Value Decomposition，SVD）和主成分分析（Principal Component Analysis，PCA）算法。

（5）**关联规则分析**（Association Rule Analysis）属于一种无监督学习算法，所涉及的属性为分类型属性，常见的关联分析算法有 Aprori 算法和 FP-Growth 算法。

在数据科学项目中，算法的选择主要取决于业务目的、样本和特征的个数等。当然，在实际项目中还需要考虑算法的可解释性、是否支持内存计算、训练时间复杂度，以及预测时间复杂度等影响模型应用的具体因素。

3.5　模型的评估方法

机器学习在数据科学中的应用主要体现在通过调用机器学习算法训练出具体"模

型"。在实际投入使用模型之前，需要对其进行评估。在模型评估中常用的方法有以下几种。

1. 学习曲线

学习曲线（Learning Curve）是用来可视化显示模型的"表现力"的一种工具。学习曲线的横坐标和纵坐标分别为"训练样本数"和"得分"（如准确率或误差等），图 3-9 给出了某模型的学习曲线。从图 3-9 中可以看出，所对应模型在训练集上的"得分"和在交叉验证集上的"得分"均随着样本量增多收敛于所需准确率（或理想取值），且二者趋于一致，说明该模型具有较好的表现力。通过学习曲线，我们可以了解到所训练出的模型是否存在过拟合或欠拟合现象。

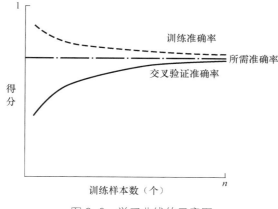

图 3-9　学习曲线的示意图

（1）**高偏差**。随着训练样本数增多，训练准确率和交叉验证准确率趋于收敛，但与理想取值的偏差很大，如图 3-10 所示。高偏差意味着模型在训练集和交叉验证集上的准确率都很低，很可能存在"欠拟合"现象。通常，造成欠拟合的主要原因有两个：一是所训练出的模型过于简单；二是所选择的特征属性并不提供充分信息，与本模型的功能并不相关。

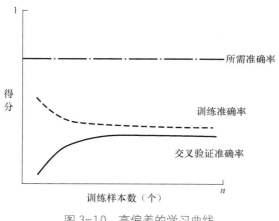

图 3-10　高偏差的学习曲线

（2）**高方差**。随着训练样本数增多，训练准确率趋于理想取值，但交叉验证准确率低于理想取值，如图 3-11 所示。高方差表示对应模型很可能存在"过拟合"现象。通常造成过拟合的主要原因有两个：一是所训练出的模型过于复杂；二是特征属性太多，但训练样本太少。

2．混淆矩阵

混淆矩阵（Confusion Matrix）是常用于评估有监督学习算法性能的一种工具，是计算精度和召回率等指标以及制作 ROC 曲线的基础，如图 3-12 所示。其中，用"正例（Positive）"和"负例（Negative）"来表示样本的"类别"；用"真（True）"和"假（False）"来表示"模型预测是否正确"。

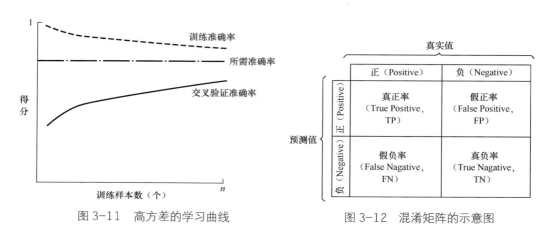

图 3-11　高方差的学习曲线　　图 3-12　混淆矩阵的示意图

（1）TP（True Positive)。模型"正确地（真/True）"预测了样本的类别，样本的预测类别为"正例"。

（2）FN（False Negative)。模型"错误地（假/False）"预测了样本的类别，样本的预测类别为"负例"，即模型犯了类似于统计学上的第一类错误（Type I Error)。

（3）FP（False Positive)。模型"错误地（假/False）"预测了样本的类别，样本的预测类别为"正例"，即模型犯了类似于统计学上的第二类错误（Type II Error)。

（4）TN（True Negative)。模型"正确地（真/True）"预测了样本的类别，样本的预测类别为"负例"。

（5）模型的精度（Precision)。在所有判别为正例的结果中，模型正确预测的样例所占的比例，即：

$$Precision = \frac{TP}{(TP + FP)}$$

（6）模型的召回率（Recall)。在所有正例中，模型正确预测的样本所占的比例，即

$$Recall = \frac{TP}{(TP + FN)}$$

66

除了模型的精度和召回率，基于混淆矩阵可以定义的模型评估指标还有很多，包括正确率（Accuracy）、错误率（Misclassification/Error Rate）、特异性（Specificity）、流行程度（Prevalence）等，由于篇幅所限，在此不再逐一详解。

3. ROC 曲线与 AUC 面积

接受者操作特征（Receiver Operating Characteristic，ROC）曲线是以"假正率（FP_ rate）"和"真正率（TP_rate）"分别作为横坐标和纵坐标的曲线。通常，人们将 ROC 曲线与"假正率"轴围成的面积称为"曲线之下的区域（Area Under Curve，AUC）面积"。AUC 面积越大，说明模型的性能越好，如图 3-14 所示。在图 3-13 中，L2 曲线对应的性能优于 L1 曲线对应的性能，即曲线越靠近 A 点（左上方）性能越好，曲线越靠近 B 点（右下方）性能越差。

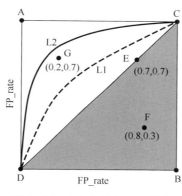

图 3-13　ROC 曲线与 AUC 面积

3.6　机器学习面临的挑战

在大数据环境下，传统机器学习领域所面临的主要挑战包括以下几个方面。

1. 算法的可解释性

在大数据时代，算法的可用性和可解释性之间的矛盾更加突出。例如，很多深度学习算法的可用性很强，但可解释性很差，即利用深度学习算法训练出的"模型"可以解决实际问题，但很难解释其背后原因或逻辑。当然，很多学者已经开始关注算法的可解释性问题，算法的可解释性研究已成为算法研究的热点问题之一。

2. 过拟合

防止过拟合现象出现的主要方法有很多，比较常用的是"交叉验证法"，即将训练集随机等分为若干份，并选择其中的一份为测试集，而其余作为训练集进行训练，然后将目标函数在该测试集上的测试结果用于评估其参数设置的性能。

3. 维度灾难（Curse of Dimensionality）

维度灾难是指在向量化计算中，随着维数的增加，计算量呈指数倍增长的一种现象。例如，KNN 算法虽然在低维度空间上表现较好，但当其计算量随着数据的维度指数级增长时，导致此算法在高维度数据上的应用效果或（和）效率非常低。为此，我们通常运用主成分分析（PCA）方法等降维算法将高维数据转换为低维数据之后，采用 KNN 等算法进行数据建模。

4．特征工程（Feature Engineering）

我们通常需要在机器学习之前对训练集的特征进行分析。以 KNN 算法为例，其前提条件是训练集中的每个样本的分类标签信息均为已知，也就是说 KNN 算法需要分析训练集的样本特征——分类标签信息。但是，在实际数据处理任务中，我们往往需要自动完成特征信息的分析和提取工作。特征变量的选择不仅要考虑机器学习算法的需要，而且更应有领域知识的支持。因此，特征工程涉及的方法和技术很多，如统计学、领域知识、可视化分析等。

5．算法的可扩展性（Scalability）

机器学习算法的可扩展性不仅要考虑硬件（如内存、CPU 等）和软件（如跨操作系统、跨平台等）上的扩展性，而且要重视训练集上的可扩展性。在理论上，当训练集越接近测试集时，所得到的目标函数在测试集上的运行效果越准确。但是，在实际工作中，训练集通常无法接近测试集的规模（如垃圾邮件自动处理中已有的样本垃圾邮件的规模无法接近未来将处理的垃圾邮件的规模）或因样本集的规模太大而导致目标函数过于复杂。因此，在机器学习中需要平衡训练集的规模、目标函数的复杂度，以及机器学习算法的运行效率。

6．模型集成

在大数据分析中，我们往往需要学习多个模型，并对这些模型进行集成处理。模型集成的方法有很多种，如直接集成（Bagging）法、增强（Boosting）法和堆叠（Stacking）法。其中，增强法的主要特点是对样本集中的每个样本设置动态权重，而堆叠法的特点是多轮递归式的学习。

3.7 Python 编程实践

【分析对象】

CSV 文件——文件名为"bc_data.csv"，数据内容来自"威斯康星乳腺癌数据库（Wisconsin Breast Cancer Database）"，该数据集主要记录了 569 个病例的 32 个属性，主要属性如下。

- id：病例的 id；
- diagnosis（诊断结论）：M 为恶性，B 为良性。该数据集共包含 357 个良性病例和 212 个恶性病例；
- 细胞核的 10 个特征值，包括半径（Radius）、纹理（Texture）、周长（Perimeter）、面积（Area）、平滑度（Smoothness）、紧凑度（Compactness）、凹面（Concavity）、

凹点（Concave points）、对称性（Symmetry）和分形维数（Fractal Dimension）等。同时，为上述 10 个特征值分别提供了 3 种统计量，分别为均值（Mean）、标准差（Standard Deviation）和"最大值"（Worst or Largest）。

【分析目的与任务】

理解机器学习算法在数据科学中的应用——以 KNN 算法进行分类分析。

首先，以随机选择的部分记录为训练集进行学习"诊断结论（Diagnosis）"的概念。

其次，以剩余记录为测试集，进行 KNN 建模。

然后，使用 KNN 模型预测测试集的 dignosis 类型。

最后，将 KNN 模型给出的 diagnosis "预测类型"与数据集 bc_data.csv 自带的"实际类型"进行对比分析，验证 KNN 建模的有效性。

【分析方法及工具】

Python 及 scikit-learn 包。

【主要步骤】

基于机器学习的数据科学项目也需要进行数据读取、数据理解和数据准备活动，与本书第 2 章的 Python 编程实践相似。因此，本例中不再详细描述以上活动的编程方法。需要了解相关知识的读者可以参考本书第 2 章的示例。实现该数据科学项目的步骤除以上活动外，还需有算法选择及其超级参数的设置、具体模型的训练、用模型进行预测、模型的评价和模型的应用与优化等步骤。

Step 1：数据读取

数据读取操作需要设置或（和）查看当前工作目录，而实现这一任务可分别使用 Python 模块 os 中的函数 chdir() 和 getcwd() 来完成。示例如下。

```
#导入所需 Python 包

import pandas as pd
import numpy as np import os

#设置/更改当前工作目录
os.chdir(r'C:\Users\soloman\clm')
    #【提示】此处，路径 "C:\Users\soloman\clm" 可以用户自行设置

#查看当前工作目录
print(os.getcwd())
```
In[1]

对应输出结果为：

C:\Users\soloman\clm

然后，可以使用 Python 第三方包 Pandas 提供的函数 read_csv() 将当前工作目录中的数据文件 bc_data.csv 读取至 Pandas 数据框 bc_data，并使用 head() 函数显示其前 5 行。读者可以从本书配套资源中找到数据文件'bc_data.csv'。示例如下。

In[2]

```
#将当前工作目录中的数据文件 bc_data.csv 读取至 Pandas 数据框 bc_data 中
bc_data = pd.read_csv('bc_data.csv', header=0)
        #【提示】由于目标数据'bc_data.csv'中没有列名信息，header 设置为 0


#查看数据框 bc_data 的前 5 行
bc_data.head(5)
```

对应输出结果为：

	id	diagnosis	radius_mean	texture_mean	perimeter_mean	area_mean	smoothness_mean	compactness_mean
0	842302	M	17.99	10.38	122.80	1001.0	0.11840	0.27760
1	842517	M	20.57	17.77	132.90	1326.0	0.08474	0.07864
2	84300903	M	19.69	21.25	130.00	1203.0	0.10960	0.15990
3	84348301	M	11.42	20.38	77.58	386.1	0.14250	0.28390
4	84358402	M	20.29	14.34	135.10	1297.0	0.10030	0.13280

5 rows × 32 columns

Step 2：数据理解

基于机器学习方法进行数据科学研究也需要以数据理解为前提条件。在数据科学中，常用于数据理解的方法有查看数据形状、查看列名、进行描述性统计等，详见本书第 2 章的 2.7 节中的讲解。其中查看形状的代码示例如下。

In[3]
```
#查看形状
print(bc_data.shape)
```
对应输出结果为：
```
(569, 32)
```

从输出结果可以看出，数据框 bc_data 的行数和列数分别为 569 和 32。接下来，我们可以使用 Pandas 数据框的 columns 属性查看其列名。示例如下。

In[4]
```
#查看列名
print(bc_data.columns)
```
对应输出结果为：
```
Index(['id', 'diagnosis', 'radius_mean', 'texture_mean', 'perimeter_mean',
'area_mean', 'smoothness_mean', 'compactness_mean', 'concavity_mean', 'concave
points_mean', 'symmetry_mean', 'fractal_dimension_mean', 'radius_se', 'texture_
se', 'perimeter_se', 'area_se', 'smoothness_se', 'compactness_se', 'concavity_
se', 'concave points_se', 'symmetry_se','fractal_dimension_se', 'radius_worst',
'texture_worst', 'perimeter_worst', 'area_worst', 'smoothness_worst', 'compactness_
worst', 'concavity_worst', 'concave_points_worst', 'symmetry_ worst', 'fractal_
dimension_worst'], dtype='object')
```

以上数据结果依次显示了数据框 bc_data 的 32 个列的名称，其中，列名 id 的含义为"病例 id"，Diagnosis 的含义为"诊断结论"，其余 30 个列名的含义为细胞核的 10 个特征值的均值（Mean）、标准差（Standard Deviation）和最大值（Worst or Largest）

3 种统计量。

接着，采用 Pandas 数据框的 describe()方法对数据框 bc_data 进行描述性统计。示例如下。

```
In[5]   #进行描述性统计
        print(bc_data.describe())
```

对应输出结果为：

```
                    id  radius_mean  texture_mean  perimeter_mean     area_mean  \
count    5.690000e+02   569.000000    569.000000      569.000000    569.000000
mean     3.037183e+07    14.127292     19.289649       91.969033    654.889104
std      1.250206e+08     3.524049      4.301036       24.298981    351.914129
min      8.670000e+03     6.981000      9.710000       43.790000    143.500000
25%      8.692180e+05    11.700000     16.170000       75.170000    420.300000
50%      9.060240e+05    13.370000     18.840000       86.240000    551.100000
75%      8.813129e+06    15.780000     21.800000      104.100000    782.700000
max      9.113205e+08    28.110000     39.280000      188.500000   2501.000000

       smoothness_mean  compactness_mean  concavity_mean  concave points_mean  \
count       569.000000        569.000000      569.000000           569.000000
mean          0.096360          0.104341        0.088799             0.048919
std           0.014064          0.052813        0.079720             0.038803
min           0.052630          0.019380        0.000000             0.000000
25%           0.086370          0.064920        0.029560             0.020310
50%           0.095870          0.092630        0.061540             0.033500
75%           0.105300          0.130400        0.130700             0.074000
max           0.163400          0.345400        0.426800             0.201200

       symmetry_mean       ...        radius_worst  texture_worst  \
count     569.000000       ...          569.000000     569.000000
mean        0.181162       ...           16.269190      25.677223
std         0.027414       ...            4.833242       6.146258
min         0.106000       ...            7.930000      12.020000
25%         0.161900       ...           13.010000      21.080000
50%         0.179200                     14.970000      25.410000
```

上述输出结果依次显示了数据框 bc_data 中每个列所对应的行数（Count）、均值（Mean）、标准差（Std）、最小值（Min）、上四分位数（25%）、中位数（50%）、下四分位数（75%）和最大值（max）。

Step 3：数据准备

与基于统计学的数据科学项目类似，基于机器学习的数据科学项目也需要进行数据准备或数据预处理活动。但是，其区别为数据准备方法不同。在统计学中需要将数据分为特征矩阵和目标向量。然而，在机器学习中需要将数据集划分为训练集和测试集两部分或划分成训练集、测试集和验证集 3 部分。此外，数据准备需要对数据进行清洗和 ETL 转换等。数据清洗代码示例如下。

```
In[6]   #数据清洗：本例中没有实际意义的 id 项数据，可以考虑删除
        data = bc_data.drop(['id'], axis=1)

        #显示数据框 data 的前 5 行
        print(data.head())
```

对应输出结果为：

```
   diagnosis  radius_mean  texture_mean  perimeter_mean  area_mean  \
0          M        17.99         10.38          122.80     1001.0
1          M        20.57         17.77          132.90     1326.0
2          M        19.69         21.25          130.00     1203.0
3          M        11.42         20.38           77.58      386.1
4          M        20.29         14.34          135.10     1297.0

   smoothness_mean  compactness_mean  concavity_mean  concave points_mean  \
0          0.11840           0.27760          0.3001              0.14710
1          0.08474           0.07864          0.0869              0.07017
2          0.10960           0.15990          0.1974              0.12790
3          0.14250           0.28390          0.2414              0.10520
4          0.10030           0.13280          0.1980              0.10430

   symmetry_mean    ...      radius_worst  texture_worst  \
0         0.2419    ...             25.38          17.33
1         0.1812    ...             24.99          23.41
2         0.2069    ...             23.57          25.53
3         0.2597    ...             14.91          26.50
4         0.1809    ...             22.54          16.67

   perimeter_worst  area_worst  smoothness_worst  compactness_worst  \
0           184.60      2019.0            0.1622             0.6656
1           158.80      1956.0            0.1238             0.1866
2           152.50      1709.0            0.1444             0.4245
3            98.87       567.7            0.2098             0.8663
4           152.20      1575.0            0.1374             0.2050
```

以上输出结果显示了 bc_data 的前 5 行数据，其中省略号（...）表示由于显示空间所限，此处省略了部分列的显示。此外，从该输出结果还可以看出，id 列已经从数据框 bc_data 删除。示例如下。

In[7]
```
#定义特征矩阵 X_data
X_data = data.drop(['diagnosis'], axis=1)
    #【提示】axis=1 的含义为：①行数不变；②按行为单位计算；③逐行计算

#显示数据框 X_data 的前 5 行
X_data.head()
```

对应输出结果为：

	radius_mean	texture_mean	perimeter_mean	area_mean	smoothness_mean	compactness_mean	concavity_mean
0	17.99	10.38	122.80	1001.0	0.11840	0.27760	0.3001
1	20.57	17.77	132.90	1326.0	0.08474	0.07864	0.0869
2	19.69	21.25	130.00	1203.0	0.10960	0.15990	0.1974
3	11.42	20.38	77.58	386.1	0.14250	0.28390	0.2414
4	20.29	14.34	135.10	1297.0	0.10030	0.13280	0.1980

5 rows × 30 columns

从以上输出结果可以看出，数据框 X_data 中已将因变量 diagnosis 删除。接下来，使用 Numpy 的 ravel()方法将因变量 diagnosis 对应的列进行降维处理，将其转换为目标向量。示例如下。

In[8]
```
#定义目标向量
y_data = np.ravel(data[['diagnosis']])
    #【提示】在数据分析与数据科学项目中，可以用 np.ravel()进行降维处理

y_data[0:6]
```

对应输出结果为：

```
array(['M', 'M', 'M', 'M', 'M', 'M'], dtype=object)
```

通常，我们采用 Python 第三方包 sklearn.model_selection 中的函数 train_test_split()
可以轻松实现数据集的划分工作。示例如下。

In[9]
```
#测试数据与训练数据的拆分方法：使用第三方包 sklearn.model_selection 中的
函数 train_test_split()
from sklearn.model_selection import train_test_split
X_trainingSet, X_testSet, y_trainingSet, y_testSet = train_test_
split(X_data, y_data, random_state=1)
```

```
#【提示】X_trainingSet 和 y_trainingSet 分别为训练集的特征矩阵和目标向量
#【提示】X_testSet 和 y_testSet 分别为测试集的特征矩阵和目标向量
```

接着，可以使用 Pandas 包中的 shape 属性查看训练集和测试集的形状，即所包含
的行数和列数。示例如下。

In[10]
```
#查看训练集的形状
print(X_trainingSet.shape)
```
对应输出结果为：
```
(426, 30)
```

从以上输出结果可以看出，训练集（X_trainingSet）的行数和列数分别为 426 个
和 30 个。接着，我们继续查看测试集（X_testSet）的行数和列数。示例如下。

In[11]
```
#查看测试集的形状
print(X_testSet.shape)
```
对应输出结果为：
```
(143, 30)
```

Step 4：算法选择及其超级参数的设置

Python 的第三方包 scikit-learn 提供了能够支持不同机器学习算法的具体函数。以
KNN 算法为例，scikit-learn 包中提供了函数 KNeighborsClassifier()。因此，我们可以
通过调用函数 KNeighborsClassifier 实现 KNN 算法的调用。示例如下。

In[12]
```
#选择算法：本例选用 KNN 算法，需要导入 KNeighborsClassifier 分类器
from sklearn.neighbors import KNeighborsClassifier
```

导入 KNeighborsClassifier 分类器后，可通过调用函数 KNeighborsClassifier()生成
一个 KNN 模型的实例，如 cancerModel。示例如下。

In[13]
```
#实例化 KNN 模型，并设置超级参数 algorithm='kd_tree'
cancerModel= KNeighborsClassifier(algorithm='kd_tree')
    #【提示】：algorithm 为计算最邻近的算法，可取值为 ball_tree、kd_tree、
    brute 或自动选择 auto
```

Step 5：具体模型的训练

与第 2 章 2.7 节中介绍的统计模型的训练方式类似，基于 scikit- learn 包的机器学习中模型的训练通过调用同名函数 fit()来实现。示例如下。

```
In[14]    #基于训练集训练出新的具体模型
          myModel.fit(X_trainingSet, y_trainingSet)
             #【提示】训练集的特征矩阵：X_trainingSet
             #【提示】训练集的目标向量：y_trainingSet
```

对应输出结果为：

```
KNeighborsClassifier(algorithm='kd_tree', leaf_size=30, metric='minkowski',
metric_params=None, n_jobs=None, n_neighbors=5, p=2, weights='uniform')
```

Step 6：用模型进行预测

与第 2 章 2.7 节中介绍的统计模型的应用（预测）方式类似，基于 scikit-learn 包的机器学习中模型的应用（预测）通过调用同名函数 predict()来实现预测。示例如下。

```
In[15]    #用上一步中已训练出的具体模型，并基于测试集中的特征矩阵，预测对应的目标向量
          y_predictSet = myModel.predict(X_testSet)
             #【提示】测试集的特征矩阵为 X_testSet
```

上一行代码的含义为，采用所训练出的新模型 myModel 对测试集中的自变量 X_testSet 进行预测，并获得所对应的因变量 diagnosis 的预测值 y_predictSet。示例如下。

```
In[16]    #查看预测结果
          print(y_predictSet)
```

对应输出结果为：

```
['M' 'M' 'B' 'M' 'M' 'M' 'M' 'M' 'B' 'B' 'B' 'M' 'M' 'B' 'B' 'B' 'B' 'B'
 'M' 'M' 'B' 'M' 'B' 'B' 'B' 'M' 'M' 'M' 'B' 'M' 'B' 'M' 'M' 'B' 'M' 'B'
 'M' 'B' 'B' 'M' 'B' 'B' 'B' 'B' 'M' 'M' 'B' 'B' 'M' 'M' 'M' 'M' 'B' 'B'
 'B' 'B' 'M' 'B' 'B' 'B' 'M' 'B' 'M' 'M' 'B' 'B' 'B' 'M' 'M' 'M' 'B' 'B'
 'B' 'B' 'M' 'B' 'B' 'M' 'B' 'B' 'B' 'M' 'M' 'M' 'B' 'B' 'B' 'M' 'M' 'B'
 'M' 'M' 'M' 'M' 'B' 'M' 'M' 'B' 'B' 'B' 'M' 'B' 'B' 'B' 'M' 'B' 'B' 'M'
 'M' 'M' 'M' 'M' 'B' 'M' 'M' 'M' 'M' 'M' 'M' 'B' 'B' 'M' 'M' 'M' 'M' 'B'
 'M' 'M' 'M' 'M' 'B' 'M' 'M' 'M' 'M' 'M' 'M' 'B' 'B' 'M' 'M' 'M' 'B']
```

上面的输出结果显示的是根据训练出的新模型对测试集 X_testSet 中的每一个样本依次预测的因变量 diagnosis 的值，"M" 代表的是"恶性肿瘤"，"B" 代表的是"良性肿瘤"。接着，我们查看在原始数据集 bc_data 中与测试集 X_testSet 对应的真实诊断结论，即 y_testSet 的值。示例如下。

```
In[17]    #查看真实值
          print(y_testSet)
```

对应输出结果为：

```
['B' 'M' 'B' 'M' 'M' 'M' 'M' 'M' 'B' 'B' 'B' 'M' 'M' 'B' 'B' 'B' 'B' 'B'
 'B' 'M' 'B' 'B' 'M' 'M' 'B' 'B' 'B' 'M' 'B' 'M' 'B' 'M' 'M' 'B' 'B' 'B'
 'M' 'B' 'M' 'B' 'B' 'B' 'B' 'B' 'M' 'B' 'B' 'M' 'M' 'M' 'M' 'B' 'B' 'B'
 'M' 'B' 'B' 'M' 'B' 'M' 'B' 'B' 'B' 'B' 'M' 'M' 'M' 'M' 'M' 'B' 'M' 'B'
 'M' 'M' 'B' 'M' 'M' 'B' 'M' 'B' 'B' 'B' 'M' 'B' 'B' 'B' 'B' 'B' 'M' 'B'
 'B' 'M' 'B' 'M' 'M' 'B' 'B' 'B' 'B' 'B' 'B' 'M' 'B' 'B' 'M' 'B' 'M' 'B'
 'M' 'B' 'B' 'B' 'B' 'B' 'B' 'M' 'M' 'B' 'B' 'M' 'B' 'B' 'M' 'B' 'M' 'M'
 'M' 'B' 'M' 'M' 'B' 'B' 'B' 'M' 'M' 'B' 'B' 'B' 'B' 'M' 'M' 'B']
```

从输出结果可以看出，个别病例的模型预测的结论与原数据集中的标签信息（即诊断结论）不一致，如第一个病例的预测结论为"M"，但原始数据中其标注的诊断结论为"B"。为此，我们需要引入模型评估方法计算预测结果的准确率。

Step 7：模型评估

与本书第 2 章 2.7 节中介绍的统计模型的优度检验类似，基于机器学习的数据科学项目也需要对训练出的模型进行评估。二者的区别在于，前者依据的是统计指标（如 R 方等），而后者采用的是交叉验证方法（如基于混淆矩阵计算准确率）。

Python 第三方包 sklearn.metrics 中提供了可用于计算准确率的函数 accuracy_score()。因此，我们可以调用该函数轻松实现评价。示例如下。

In[18]
```python
#导入 accuracy_score()函数用于计算模型的准确率
from sklearn.metrics import accuracy_score

#查看模型的准确率
print(accuracy_score(y_testSet, y_predictSet))
    #【提示】y_testSet 和 y_predictSet 分别为测试集和预测集
```

对应输出结果为：
```
0.9370629370629371
```

Step 8：模型的应用与优化

不管是基于统计学还是基于机器学习的数据科学项目，我们的数据科学项目很难实现"一次成功"。通常需要对已有训练模型进行优化，甚至需要通过改变机器学习算法的方式来训练新模型。当已训练模型的准确率可以满足业务需求时，可以使用这个模型来预测（Predict）新数据或更多数据。如果该模型的准确率可以满足业务需求，那么需要进一步优化模型参数，甚至替换成其他算法/模型。

对于 KNN 算法而言，*K* 值的选择是该算法的难点所在。以上代码中，我们直接使用了 scikit-learn 包中提供的函数 KNeighborsClassifier()的可选参数 *K* 的默认值。我们可以采用数据可视化的方法画出模型的学习曲线（Learning Curve），观察 *K* 值的变化规律，选择更优的 *K* 值。示例如下。

In[19]
```python
from sklearn.neighbors import KNeighborsClassifier

NumberOfNeighbors = range(1,23)
```

```
KNNs = [KNeighborsClassifier(n_neighbors=i) for i in NumberOfNeighbors]

scores = [KNNs[i].fit(X_trainingSet, y_trainingSet).score(X_testSet,
y_testSet) for i in range(len(KNNs))]

import matplotlib.pyplot as plt
%matplotlib inline
plt.plot(NumberOfNeighbors,scores)
plt.xlabel('Number of Neighbors')
plt.ylabel('Score')
plt.title('Elbow Curve')
plt.xticks(NumberOfNeighbors)

plt.show()
```

对应输出结果为：

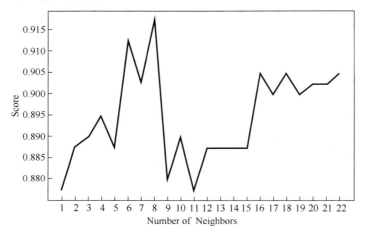

从上图可以看出，$K=4$ 时模型的预测准确率出现了一个拐点。所以，我们可以将算法的 K 参数调整为 7，并重新预测和计算准确率，查看准确率是否有所提高。

In[18]
```
#重新预测
from sklearn.neighbors import KNeighborsClassifier

cancerModel=
KNeighborsClassifier(algorithm='kd_tree',n_neighbors=4)
myModel.fit(X_trainingSet, y_trainingSet)
y_predictSet = myModel.predict(X_testSet)

from sklearn.metrics import accuracy_score
print(accuracy_score(y_testSet, y_predictSet))
```

对应输出结果为：

0.9440559440559441

可见，$K=4$ 时，模型的预测准确率从 0.9370629370629371 提高至 0.9440559440559441。

76

3.8 继续学习本章知识

学习本章需要与本书第 2 章相结合。统计学和机器学习的主要区别在于：统计学需要事先对处理对象（数据）的概率分布做出假定（如正态分布等），而机器学习不需要做事先假定；统计学通过各种统计指标（如 R 方、置信区间等）来评估统计模型（如线性回归模型）的拟合优度，而机器学习通过交叉验证或划分训练集和测试集的方法评估算法的准确度。当然，二者之间也存在一定的内在联系，表 3-1 给出了二者的主要术语的对照关系。

表 3-1   统计学与机器学习的术语对照表

	机器学习	统计学
1	训练（Train）	拟合（Fit）
2	算法（Algorithm）	模型（Model）
3	分类器（Classifier）	假设（Hypothesis）
4	无监督学习（Unsupervised Learning）	聚类（Clustering）
5	有监督学习（Supervised Learning）	分类（Classification）
6	网络（Network）/图（Graph）	模型（Model）
7	权重（Weights）	参数（Parameters）
8	变量（Variable）	特征（Feature）

值得一提的是，由于课程定位和篇幅所限，本章并没有讲解具体算法的原理及其应用方法等。但是，数据科学的实际项目中必须掌握常用算法的原理、应用场景、数据准备方法、结果解读方法及注意事项。从数据科学视角看，需要掌握的重要算法有以下几种。

（1）回归/分类树。

（2）降维（PCA、MDS、TSNE 等）。

（3）经典的前馈神经网络。

（4）Bagging Ensembles 方法（随机森林、KNN 回归集成）。

（5）Boosting Ensembles 方法（梯度提高、XGBoost 算法）。

（6）参数调整或设计方案的优化算法（遗传算法、量子启发式演化算法、模拟退火、粒子群优化）。

（7）拓扑数据分析工具，特别适用于小样本量的无监督学习（持续同调、Morse-Smale 聚类、Mapper 等）。

（8）深度学习架构（通用深度学习架构）。

（9）用于局部建模的 KNN 回归/分类。

（10）基于梯度的优化方法。

（11）网络度量和算法（中心度量、跳数、多样性、熵、拉普拉斯算子、疫情传播、谱聚类）。

（12）深层架构中的卷积和池化层（特别适用于计算机视觉和图像分类模型）。

（13）分层聚类（与 k-means 聚类和拓扑数据分析工具相关）。

（14）贝叶斯网络（路径挖掘）。

（15）复杂性和动态系统（与微分方程有关）。

同时，我们还需要注意云计算、MapReduce、Hadoop MapReduce、大数据、数据科学、机器学习、深度学习和人工智能等常用术语之间的区别与联系。

（1）云计算是一种新的计算模式，类似于并行计算、分布式计算的概念，并不特指任何一种具体的技术或产品。云计算这种新计算模式的主要特点有四个：经济性、虚拟化、弹性计算与按需服务。

（2）MapReduce、Hadoop MapReduce 是采用云计算这种新的计算模式研发出的具体工具软件（或算法）。云计算模式可以用于数据科学任务的不同层次，率先应用于大数据的存储（Google 分布式文件系统及其开源 Hadoop 分布式文件系统）、计算（Google Map Reduce 及其开源 Hadoop Map Reduce）和管理（Google 设计的分布式数据存储系统及开源 HBase）。

（3）大数据是在云计算、物联网、移动互联网、科学仪器等新技术环境下产生的多源、异构、动态的复杂数据，即具有 4Vs 特征的数据。

（4）数据科学是一门关于大数据的科学，即包括大数据时代出现的新的理念、理论、方法、技术、工具、应用与实践在内的一整套知识体系。大数据是数据科学的研究对象之一。

（5）人工智能、机器学习和深度学习是数据科学的理论基础或数据科学中常用的技术和方法，其区别与联系如图 3-14 所示。机器学习是人工智能的组成部分之一，而深度学习是机器学习的一种方法，三者之间相辅相成。

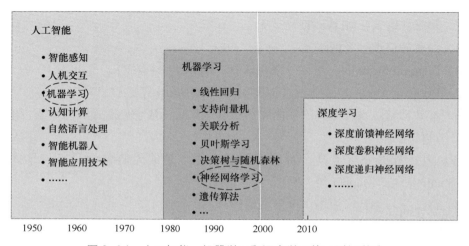

图 3-14　人工智能、机器学习和深度学习的区别与联系

此外，建议读者根据自己所属领域拓展学习自然语言处理和与计算机视觉相关的算法，以及面向该领域的专用算法。

习　题

一、选择题

1．（　　）的主要议题是如何实现和优化机器的自我学习。

A．机器学习　　　　B．人工智能　　　　C．深度学习　　　　D．人机共生

2．目前，机器学习领域所面临的主要挑战包括（　　）。

A．过拟合　　　　　　　　　　　　B．维度灾难

C．特征工程　　　　　　　　　　　D．算法的可扩展性

3．以下描述中正确的是（　　）。

A．有监督学习常用于从数据中发现未知的模式信息

B．当训练集中的部分样本缺少标签信息时，通常采用半监督学习

C．训练集中的每个示例（Example）均带有自己的输出值——标签（Label）时，采用有监督机器学习

D．有监督学习和无监督学习的区别在于学习过程中是否引入人的监督作用

4．以下算法中属于有监督学习的是（　　）。

A．KNN　　　　　　B．k-means　　　　C．逻辑回归　　　　D．主成分分析

5．以下算法中属于无监督学习的是（　　）。

A．KNN　　　　　　B．k-means　　　　C．逻辑回归　　　　D．主成分分析

6．（　　）主要研究的是如何协助自治 Agent 的学习活动，进而达到选择最优动作的目的。

A．强化学习　　　　B．有监督学习　　　C．无监督学习　　　D．半监督学习

7．通常，在机器学习中造成"过拟合"的主要原因有（　　）。

A．所训练出的模型过于复杂　　　　B．所训练出的模型过于简单

C．特征属性太多，但训练样本太少　　D．数据集的规模太大

8．在机器学习中，（　　）用于算法选择和参数调整。

A．训练集　　　　　B．测试集　　　　　C．验证集　　　　　D．候选集

9．（　　）率指模型"错误地"预测了样本的类别，样本的预测类别为"正例"。

A．TP　　　　　　　B．FP　　　　　　　C．TN　　　　　　　D．FN

10．（　　）指一些在低维度空间上表现较好的算法很可能在高维度输入数据上效果差或效率低，甚至不可行。

A．算法可扩展性　　　　　　　　　B．算法鲁棒性

C．过拟合　　　　　　　　　　　　D．维度灾难

二、调研与分析题

1. 调查并对比分析机器学习领域的国际顶级会议及学术期刊。

2. 调查分析基于 Python 进行机器学习的常用第三方包及其特征。

3. 调查并对比分析机器学习开发包 TensorFlow、PyTorch 与 Weka。

4. 结合自己的专业领域，调研自己所属领域常用的机器学习方法、技术与工具。

5. 调研常用机器学习工具软件（包括开源系统），并进行对比分析。

第**4**章　数据可视化

数据可视化

本章学习提示及要求

了解：

- 数据可视化与数据科学的区别与联系。
- 大数据环境下数据可视化的发展趋势。

理解：

- 数据可视化的基本原则。
- 可视分析学及其核心模型。

掌握：

- 数据类型的划分方法及视觉编码方法的选择。
- 常用统计图表的绘制方法。

熟练掌握：

- 基于 Python 的数据可视化。

4.1　数据科学与数据可视化

　　数据可视化是数据科学的主要理论基础之一，如图 4-1 所示。数据可视化是信息可视化、科学可视化、可视分析学等可视化理论的统称，其处理对象可以扩展至任何类型的数据。研究发现，视觉感知是人类大脑的最主要功能之一，超过 50%的人脑功能用于视觉信息的处理。同时，眼睛是感知信息能力最强的人体感知器官之一。因此，数据可视化在数据科学中占有重要地位。

　　与统计学、机器学习一样，数据可视化也是数据科学的重要研究方法之一。以**安斯科姆四组数据**（Anscombe's Quartet）为例，统计学家安斯科姆（F.J. Anscombe）于 1973 年提出了四组统计特征基本相同的数据集，如表 4-1 所示，从统计学角度看难以找出其区别，这 4 组数据在均值、方差、相关度等统计特征方面均相同，线性回归线对应的函数都是 $y=0.5x+3$。但是，当对 4 组数据进行可视化后，可以很容易地找出它们之间的区别，如图 4-2 所示。

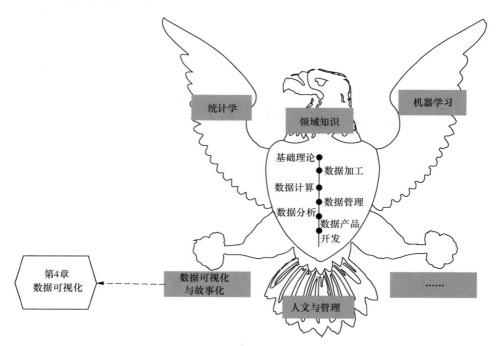

图 4-1　数据可视化与数据科学

表 4-1				安斯科姆 4 组数据			
I		II		III		IV	
x	y	x	y	x	y	x	y
10.0	8.04	10.0	9.14	10.0	7.46	8.0	6.58
8.0	6.95	8.0	8.14	8.0	6.77	8.0	5.76
13.0	7.58	13.0	8.74	13.0	12.74	8.0	7.71
9.0	8.81	9.0	8.77	9.0	7.11	8.0	8.84
11.0	8.33	11.0	9.26	11.0	7.81	8.0	8.47
14.0	9.96	14.0	8.10	14.0	8.84	8.0	7.04
6.0	7.24	6.0	6.13	6.0	6.08	8.0	5.25
4.0	4.26	4.0	3.10	4.0	5.39	19.0	12.50
12.0	10.84	12.0	9.13	12.0	8.15	8.0	5.56
7.0	4.82	7.0	7.26	7.0	6.42	8.0	7.91
5.0	5.68	5.0	4.74	5.0	5.73	8.0	6.89

　　数据可视化能够帮助人们提高理解与处理数据的效率。例如，英国麻醉学家、流行病学家及麻醉医学和公共卫生医学的开拓者约翰·斯诺（John Snow）采用数据可视化的方法研究伦敦西部西敏市苏活区的霍乱，并首次发现了霍乱的传播途径及预防措施。当时，霍乱病原体尚未被发现，霍乱一直被认为是致命的疾病——人们既不知道它的病源，也不了解治疗它的方法。1854 年，伦敦再次暴发霍乱，尤其个别街道上的情

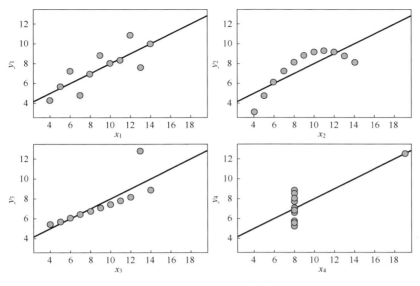

图 4-2　安斯科姆 4 组数据的可视化

况最为严重，在短短 10 天内就死去了 500 余人。为此，约翰·斯诺采用了基于信息可视
化的数据分析方法，在一张地图上标明了所有死者居住过的地方，如图 4-3 所示，他发现
许多死者生前居住在宽街的水泵附近，如 16、37、38、40 号住宅。同时，他还惊讶地发
现宽街 20 号和 21 号以及剑桥街上的 8 号和 9 号等住宅无死亡报告。进一步调查发现，上
述居住在无死亡报告的住宅的人们都在剑桥街 7 号的酒馆里打工，且该酒馆为他们免费提
供啤酒。相反，霍乱最为严重的两条街的人们喝的是被霍乱患者粪便污染过的水。因此，
他断定这场霍乱与水源有关系，并提议通过拆掉灾区水泵的把手的方法防止人们接触被
污染的水，最终成功地阻止了此次霍乱的继续流行，此次事件还推动了流行病学的发展。

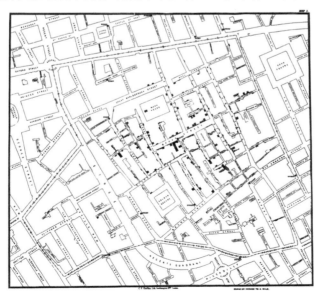

图 4-3　约翰·斯诺的标注地图

4.2 数据可视化的基本原则

数据可视化工作应遵循以下基本原则。

1．忠于原始数据

不管数据可视化工作采用什么样的理论、方法、技术与工具，其可视化结果必须忠于原始数据，应如实反映原始数据的某一属性。因此，数据可视化不能脱离或扭曲原始数据。

2．尊重目标用户

数据可视化处理过程中需要注意两点：一是在可视化处理之前，需要对目标用户进行一定的需求调研，争取做到可视化工作的个性化；二是同一个可视化结果可能对不同目标用户群产生不同的感知和认知效果，应避免与目标用户群的信仰、习惯与爱好产生冲突或目标用户对可视化结果的曲解。

3．突出重点

考虑到人类视觉感知过程的特征及容量限制，数据的可视化处理并不追求原始数据的所有属性的全面可视化，而是要有一定的侧重点，突出某个（些）属性，力求做到视觉突出的效果。因此，数据可视化工作要有一定的目标或任务导向性。

4．强调用户体验

随着数据可视化应用的普及，用户体验成为测评数据可视化的重要指标之一。良好的用户体验不仅涉及用户界面的设计，而且涉及人机交互过程的设计。另外，数据可视化测评过程中应积极吸收目标用户的反馈信息，不断调整和优化可视化效果。

5．具备较高的信度和效度

数据可视化工作需要有较高的信度和效度。信度和效度分别代表的是数据可视化的准确性和可靠性。因此，当数据量非常大时，我们经常用部分数据进行可视化测试，并根据测试结果不断优化可视化算法，以取得较高的信度和效度。

4.3 视觉编码与数据类型

1．视觉编码

数据可视化的方法论基础称为"视觉编码"。视觉编码指将数据映射成符合用户视觉感知的可见视图的过程，主要从视觉图形元素和视觉通道两个维度上进行可视化，如图 4-4 所示。其中，"视觉图形元素"指几何图形元素，如点、线、面、体等，主要用来刻画数据的性质，决定数据所属的类型；"视觉通道"指图形元素的视觉属性，如位置、长度、面积、形状、方向、色调、亮度和饱和度等。视觉通道进一步刻画了图形元素，使同一个类型（性质）的不同数据有不同的可视化效果。

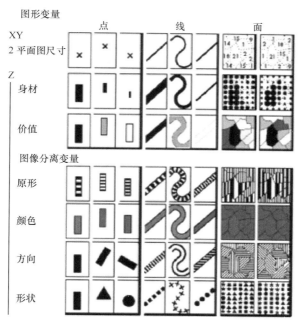

图形变量

<p>点　　　　线　　　　面</p>

图 4-4　视觉图形元素与视觉通道

2. 数据类型

从人类的视觉感知和认知习惯看，数据类型与视觉通道存在一定的关系。雅克·伯廷（Jacques Bertin）曾提出 7 个视觉通道的组织层次，并给出了可支持的数据类型，如表 4-2 所示。

表 4-2　　　　　　　　　　数据类型与视觉通道的对应关系

视觉通道	定类数据	定序数据	定量数据
位置	Y	Y	Y
尺寸	Y	Y	Y
数值	Y	Y	Y（部分）
纹理	Y	Y（部分）	
颜色	Y		
方向	Y		
形状	Y		

因此，综合考虑目标用户需求、可视化任务本身，以及原始数据的数据类型等多个影响因素，选择合适的视觉通道并进一步有效展示成为数据可视化工作的重要挑战。图 4-5 给出了不同类型数据的视觉通道的选择与展示方法。

需要注意的是，**在确定数据来源和目标用户的情况下，不同视觉通道的表现力不同**。**视觉通道的表现力**的评价指标包括以下几种。

（1）**精确性**。**精确性**指用户对于可视化编码结果的感知效果和原始数据之间的吻合程度。斯坦福大学的麦金利（Mackinlay）曾于 1986 年提出了不同视觉通道所表示信息的精确性，其精确度对比如图 4-6 所示。

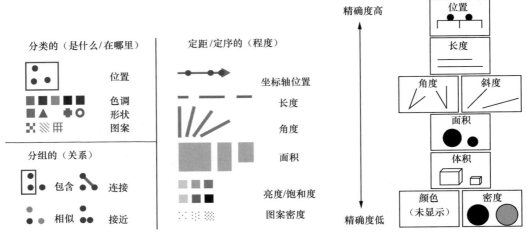

图 4-5　不同类型数据的视觉通道的选择与展示方法　　　图 4-6　视觉通道的精确度对比

（2）**可辨认性**。**可辨认性**指视觉通道的可辨认度的高低。通常，人眼对视觉（如形状、线宽、颜色等）的辨认度有限，当使用过多的相似视觉通道来表现不同信息时，很容易导致数据可视化的可辨认度下降。例如，图 4-7 中采用过多的形状代表不同信息，虽然不同形状确实有差异，但已超出了一般读者的辨认能力，导致其可读性差。

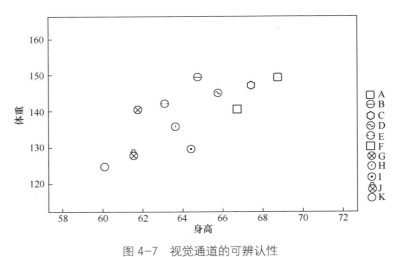

图 4-7　视觉通道的可辨认性

（3）**可分离性**。**可分离性**指同一个视觉图形元素的不同视觉通道的表现力之间应具备一定的独立性。例如，在图 4-8 中，选择两种视觉通道——面积和纹理分别代表图形元素的两个不同属性值，其可视化表现力较差。因为当通道"面积"的取值较小时可能影响另一个通道"纹理"的表现力，也就是说在该图中两种通道的表现力之间并不完全独立。

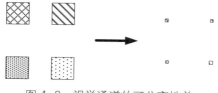

图 4-8 视觉通道的可分离性差

（4）**视觉突出性**。**视觉突出性**指视觉编码结果在很短的时间内（如毫秒级时间）迅速准确表达出可视化编码的主要意图。以图 4-9 为例，人们在左半部分和右半部分（二者的内容完全相同）中计算数字"8"的个数所需的时间不同。由于右半部分中的数字"8"采用了背景颜色，区别于其他数字，很容易产生视觉突出现象。因此，在数据可视化中应充分利用人类视觉感知特征，做到数据可视化的信度和效度较高。

12367687345312343465475683454561	12367**8**7345312343465475**8**3454561
23454565781231234654733323123212	234545657**8**1231234654733323123212
23433846576622345656765756368213	234338465766223456567657563**8**213
87235465756232343456546756765656	**8**7235465756232343456546756765656
23453456467567867897903423423445	23453456467567**8**67**8**97903423423445
34535646756533432474234237534343	34535646756533432474234237534343

图 4-9 视觉突出性的示例

一般情况下，采用高表现力的视觉通道表示可视化工作要重点刻画的数据或数据的特征。但是，各种视觉通道的表现力往往是相对的，表现力值的大小与原始数据、图形元素、通道的选择、目标用户的感知习惯等具有密切联系。因此，视觉通道的有效性是数据可视化中必须注意的问题之一。

4.4 可视分析学

可视分析学（Visual Analytics）是一门以可视交互为基础，综合运用图形学、数据挖掘和人机交互等多个学科领域的知识，以实现人机协同完成可视化任务为主要目的的分析推理性学科。可视分析学是一门跨学科性较强的新兴学科，主要涉及的学科领域有科学/信息可视化、数据挖掘、统计分析、分析推理、人机交互和数据管理等，如图 4-10 所示。

可视分析学的出现进一步推动了人们对数据可视化的深入认识。作为一门以可视交互界面为基础的分析推理学科，可视分析学将人机交互、图形学、数据挖掘等引入可视化过程中，不仅拓展了可视化的研究范畴，而且改变了可视化研究的关注点。因此，可视分析学的活动、流程和参与者也随之改变，比较典型的模型是凯姆（Keim）等提出的**可视分析学模型**，如图 4-11 所示。

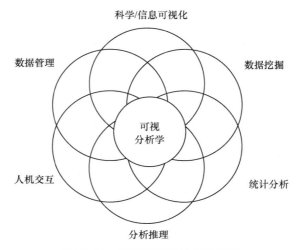

图 4-10 可视分析学的相关学科

从图 4-11 可以看出，可视分析学模型具有如下特点。

1. 强调数据到知识的转换过程

可视分析学中对数据可视化工作的理解发生了根本性变化——数据可视化的本质是将数据转换为知识，而不能仅停留在数据的可视化呈现层次上。图 4-11 给出了两种从数据到知识的转换途径：一种是可视化分析，另一种是自动化建模。

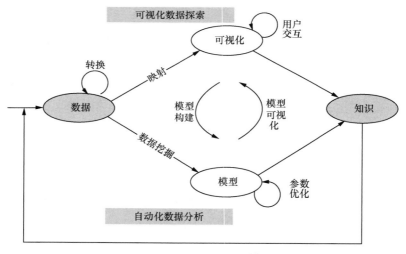

图 4-11 可视分析学模型

2. 强调可视化分析与自动化建模之间的相互作用

可视化分析与自动化建模的相互作用主要体现在：一方面，可视化技术可用于数据建模中的参数改进的依据；另一方面，数据建模也可以支持数据可视化活动，为更好地实现人机交互提供参考。

3. 强调数据映射和数据挖掘的重要性

从数据到知识转换的两种途径——可视化分析与自动化建模分别通过数据映射和

数据挖掘两种方法实现。因此，数据映射和数据挖掘是数据可视化的两个重要支撑技术。用户可以通过这两种方法的配合使用实现模型参数调整和可视化映射方式的改变，尽早发现中间步骤中的错误，进而提高可视化操作的信度与效度。

4．强调数据加工活动的必要性

数据可视化之前一般需要对数据进行预处理（转换）活动，且预处理活动的质量将影响数据可视化效果。

5．强调人机交互的重要性

可视化过程往往涉及人机交互操作，需要重视人与计算机在数据可视化工作中的互补性优势。因此，人机交互以及人机协同工作也将成为未来数据可视化研究与实践的重要手段。

4.5　常用统计图表

统计图表是数据可视化中最为常用的方法之一，主要用于可视化数据的某一（些）统计特征。用于显示统计结果的可视化方法有很多，如柱形图、折线图、饼图、条形图、面积图、散点图、雷达图等。考虑到此类方法的广泛应用，本书重点介绍易错或较为复杂的统计图表的基本画法。

1．饼图

饼图（Pie Chart）主要表示整体与部分之间的关系，一般用于以二维或三维形式显示每一数值相对于总数值的大小。需要注意的是，**饼图显示的是各数据之间的相对比例关系，而不是其绝对值**，如图 4-12 所示。

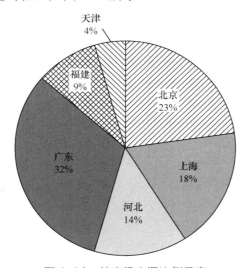

图 4-12　某班级生源比例示意

2．箱线图

箱线（Box-plot）图是由约翰·图基（John W. Tukey）发明的一种用于可视化数

据分布的统计制图方法，如图 4-13 所示。

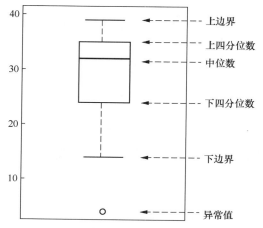

图 4-13　箱线（Box-plot）图的画法

（1）箱（长方形盒子）。表示数据的大致范围，一般为数据取值范围的 25%～75%。需要注意的是，**数据的实际取值范围用盒子上方和下方的两根横线表示**。

（2）线（盒子中的横线）。表示均值的位置。

3．散点图

散点图（Scatter Diagram）主要用于显示数据点在笛卡儿坐标系中的分布情况，每个点所对应的横、纵坐标代表的是该数据在对应维度上的属性值，如图 4-14 所示。在实际应用中，我们经常采用散点图矩阵的方式表示多维（二维及以上，有时也称为高维）数据的分布特征，如图 4-15 所示。

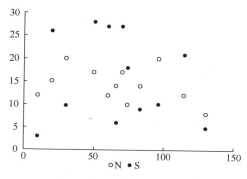

图 4-14　散点图的示例

4．维恩图

维恩图（Venn Diagram）是约翰·维恩（John Venn）于 1880 年左右提出的一种数据的集合运算的可视化方法——用平面上的封闭图形元素之间的重叠关系表示数据集合的并与交等集合运算，如图 4-16 所示。

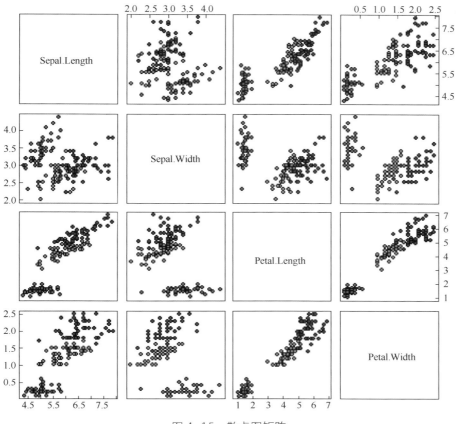

图 4-15　散点图矩阵

5．热地图

热地图（Heat Map）一般以地图为基础，采用不同色彩（如颜色、亮度、透明度等）表示数据值的大小。近年来，基于位置的服务（Location Based Services，LBS）系统的兴起推动了包括热点图在内的、基于地图的数据可视化方法的广泛应用。例如，CNN 曾以美国地图为基础可视化显示了奥巴马赢得 2012 年美国总统大选的结果。

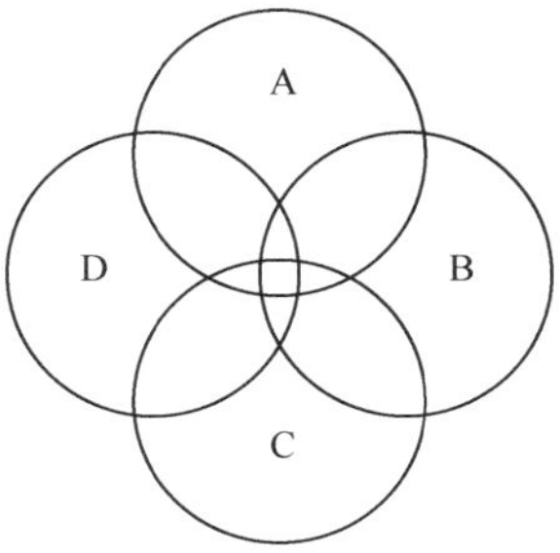

6．等值线

等值线（Contour Map）主要用于显示等值数据的分布情况，其画法为将多维空间中的具有相同值的数据点相互连接后投影到二维平面上，一般为三无（无相交、无分支、无中断）封闭线路。等值线在地理（如等高线等）、气象（如等温线、等压线、等降水量线等）、物理（如等磁线、等势线等）等领域具有较为广泛的应用。

图 4-16　维恩图示例

7．雷达图

雷达图（Radar Chart）主要应用于多维数据的可视化，所采用的基本可视化方法如下。

首先，将圆形（或多个同心圆）等分成若干个扇形区，分别表示同一个数据的不同维度。

其次，在每个扇形区中，从圆心开始，分别以放射线形式画出若干条指标线，并标明指标名次及标度。

然后，将实际数据标注在相应指标上。

最后，以线段依次连接相邻点，形成折线闭环，构成雷达图。

图 4-17 给出了训练前和训练后的效果比较的雷达图，从图中可以看出训练效果较为明显，被训练对象的知识、经验、自信、效率、效果、他评都出现了不同程度的提高，训练前、训练后所对应的两个覆盖面发生了显著的变化。

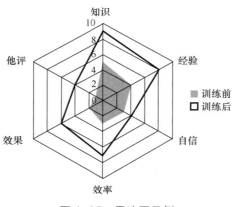

图 4-17　雷达图示例

4.6　数据可视化的发展趋势

从理论研究和实践应用看，今后数据可视化工作的主要发展趋势如下，如图 4-18 所示。

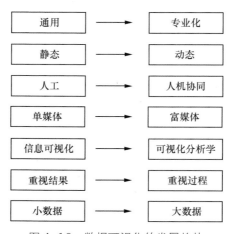

图 4-18　数据可视化的发展趋势

1．从通用技术到专业化技术的过渡

在传统可视化研究和实践中，一般追求的是通用的技术和方法。然而，随着通用方法与技术的不断完善，人们不断提出面向特定问题的专业化可视化技术。例如，新闻地图（News Map）主要用于新闻类数据的可视化，并形成了特有的制图方法。

2．从无交互到可交互的过渡

在传统可视化研究和实践中，可视化的流程和参数是预定义的，一旦执行则不可调整或改变。然而，可视分析学的兴起，使人们逐渐意识到以人机交互为基础的动态可视化的重要性，并提出了一些动态可视化的方法与工具。

3．从人工处理到人机协同处理的过渡

在传统可视化研究和实践中，数据可视化工作主要依赖于手工处理，人的经验和态度决定了可视化结果的好坏，可视化处理效果并不稳定。随着大数据时代的到来，人们开始注意到自动可视化的重要性，通过引入机器学习，数据可视化过程更智能化和自动化，人机协同及人机交互成为未来可视化处理的重要手段。

4．从单媒体到富媒体的过渡

在传统可视化研究和实践中，数据可视化往往与人的其他感知器官分离处理，被认为是一个独立系统，只关注人的视觉感知和认知活动。但是，随着数据可视化实践的深入，可视化将与动画、音频、视频等其他感知器官的处理活动融合在一起，达到更好的继承效果。例如，虚拟现实技术的出现较好地体现了数据可视化从单媒体向富媒体过渡的新趋势。

5．从信息可视化到可视分析学的过渡

可视分析学的出现扩大了信息可视化的研究范围，将统计学等相关学科引入数据可视化中，突出目标用户的主动性以及可视化处理过程的互动性，重视从数据到知识的转换过程。

6．从重视结果到重视过程的过渡

从可视化工作的评估角度看，传统评估方法主要看重的是可视化工作的结果，而不是过程。由于可视化过程的规范化程度及可视化结果的质量难以控制，因此人们开始重视可视化处理过程的规范性，通过过程的不断改进达到有效控制可视化处理结果的目的。

7．从小数据到大数据的过渡

从被可视化处理对象角度看，传统数据可视化主要关注的是小数据，而未来数据可视化处理工作所面临的是海量、异构、不确定性的大数据。因此，大数据环境下要求数据可视化方法在算法可扩展性、容错能力和鲁棒性方面有新的突破。

4.7　Python 编程实践

【分析对象】

CSV 文件——文件名为"salaries.csv"。该数据集主要记录了 397 个样本的 6 个属性，主要属性如下。

1. rank：职称，包括正教授（Prof）、副教授（AsstProf）、助理教授（AssocProf）。
2. discipline：学科，分为 A 和 B。
3. yrs.since.phd：博士毕业年数。
4. yrs.service：工作年数。
5. sex：性别。
6. salary：薪水。

【分析目的与任务】

利用 Python 中的 seaborn 包实现数据可视化，过程如下。

首先，准备好数据。

其次，导入可视化需要用到的 seaborn 包。

最后，绘制散点图和箱线图。

【分析方法及工具】

Python 及 seaborn 包。

【主要步骤】

与第 2 章中数据统计建模和第 3 章中的机器学习类似，数据可视化也需要以业务理解和数据理解为前提。由于所涉及的业务和数据非常简单，本例中略过针对业务理解和数据理解活动的讨论。如果需要了解相关知识，建议参考本书第 2 章和第 3 章中对 Python 编程实践的讲解。实现数据可视化的步骤除以上表述外，还有数据准备、导入 Python 包和可视化绘图等步骤，具体内容如下。

Step 1：数据准备

在数据科学项目中，基于 Python 的数据可视化是通过调用 Python 第三方包来实现的。常用的 Python 第三方数据可视化包有 Matplotlib、Seaborn、Bokeh、Basemap、Plotly 和 NetworkX 等。考虑到本书第 2 章示例中已使用 Matplotlib 进行了数据可视化，本例我们采用另一个常用包 Seaborn 进行数据可视化。

为了数据准备，我们首先采用 Python 模块 os 中的函数 chdir()和 getcwd()分别进行当前工作目录的查看和更改。其次，从本书配套资源中找到数据文件 salaries.csv，存放在当前工作目录下。接着，采用第三方包 Pandas 提供的函数 pd.read_csv()从当前工作目录中读取数据文件 salaries.csv 到 Pandas 数据框 salaries 中。最后，使用 Pandas 包提供的函数 head()显示数据框 salaries 的前 5 行。

首先，采用模块 os 中的函数 getcwd()，查看当前工作目录。示例如下。

In[1]
```
#查看当前工作目录，并将数据文件"salaries.csv"放在当前工作目录中
import os
os.getcwd()

#【提示】读者可以在本书配套资源中找到数据文件 "salaries.csv"
#【注意】读者的"当前工作目录"不一定与本书一样，请以自己 Out[1]中的显示
结果为准
```

对应输出结果为：

```
C:\Users\soloman\clm
```

其次，使用第三方包 Pandas 提供的函数 read_csv()从当前工作目录读取文件"salaries. csv"到 Pandas 数据框对象 salaries 中。

```
In[2]   import pandas as pd
        salaries = pd.read_csv('salaries.csv', index_col=0)
            #【提示】index_col=0 的含义为，准备读取的数据文件"salaries.csv"中带
            有索引列，且索引列位于第 0 列
```

接着，使用 Pandas 数据框的 head()方法查看数据框 salaries 的前 6 行。示例如下。

```
In[3]   #查看 Pandas 数据框 salaries 的部分内容
        salaries.head(6)
```

对应输出结果为：

	rank	discipline	yrs.since.phd	yrs.service	sex	salary
1	Prof	B	19	18	Male	139750
2	Prof	B	20	16	Male	173200
3	AsstProf	B	4	3	Male	79750
4	Prof	B	45	39	Male	115000
5	Prof	B	40	41	Male	141500
6	AssocProf	B	6	6	Male	97000

Step 2：导入 Python 包

本例准备采用 Python 第三方数据可视化包——seaborn，为此我们需要使用 Python 的 import 语句导入 Seaborn 包。

```
In[4]   #导入 seaborn 模块，并取别名为 sns
        import seaborn as sns
```

Step 3：可视化绘图

接下来，通过调用 seaborn 包提供的各种功能函数实现数据可视化的目的。本例将采用 seaborn 包提供的 3 个函数，即 set_style()、stripplot()和 boxplot()，分别用于设置 seaborn 的绘图样式或主题、绘制分类散点图和绘制箱线图。其中，设置 seaborn 的绘图样式或主题示例如下。

```
In[5]   #设置 seanborn 的绘图样式或主题为"darkgrid"(灰色+网格)
        sns.set_style('darkgrid')
```

上一行采用了 set_style()函数将 seaborn 的绘图主题更改为"带有网格线的灰色背景（darkgrid）"。在此基础上，我们调用 stripplot()函数继续绘制分类散点图。示例如下。

```
In[6]   #用 stripplot()函数绘制分类散点图
        sns.stripplot(data=salaries, x='rank', y='salary', jitter=True,
```

```
alpha=0.5)
    # 【提示】data 为数据来源；x 和 y 分别用于设置 x 轴和 y 轴；jitter 的含义为
散点是否有抖动(重叠)；alpha 为透明度
```

对应输出结果为：

```
<matplotlib.axes._subplots.AxesSubplot at 0x25f91ea91d0>
```

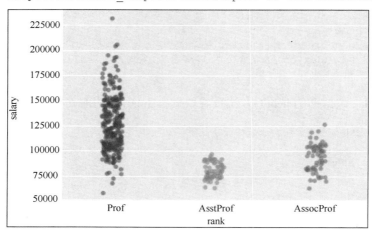

接着，我们在上图显示的结果基础上，增加箱线图。箱线图的绘制可通过调用 boxplot()函数实现。示例如下。

In[7]
```
#继续绘制【箱线图】
sns.stripplot(data=salaries, x='rank', y='salary', jitter=True,
alpha=0.5)
sns.boxplot(data=salaries, x='rank', y='salary')

    # 【提示】data 为数据来源；x 和 y 分别用于设置 x 轴和 y 轴
```

对应输出结果为：

```
<matplotlib.axes._subplots.AxesSubplot at 0x25f92210e80>
```

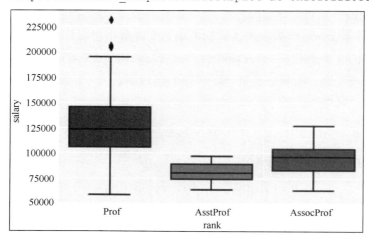

上图将分类散点图和箱线图放在一起显示，较好地显示了数据的实际分布及其统计特征。需要补充说明的是，考虑到 Jupyter Notebook 中以"单元（Cell）"为单位运

行，但在此我们准备将分类散点图和箱线图一起显示，所以此"单元"中重写了代码行 sns.stripplot (data=salaries, x='rank', y='salary', jitter=True, alpha=0.5)。

4.8　继续学习本章知识

数据可视化是大数据人才的基本功，也是数据科学的重要组成部分。继续学习本章内容需要注意以下 4 个问题。

（1）**根据专业背景，重点学习面向特定专业领域的数据可视化方法**。数据可视化技术的发展呈现出了高度专业化趋势，很多应用领域已形成独特的数据可视化方法。例如，1931 年，一位名叫亨利·贝克（Henry Beck）的机械制图员，如图 4-19 所示，借鉴电路图的制图方法设计出了伦敦地铁线路图（如图 4-20 所示）。1933 年，伦敦地铁试印了 75 万份他设计的线路图，该方法逐渐成为全球地铁路线的标准可视化方法，并沿用至今。

图 4-19　亨利·贝克（来源：伦敦交通博物馆）

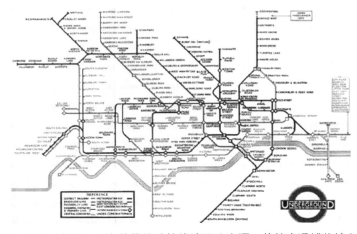

图 4-20　亨利·贝克的伦敦地铁线路图（来源：伦敦交通博物馆）

（2）**数据可视化与其他数据呈现方式，尤其是数据故事化等有效结合**。目前，人机交互、多维表示、动画表示、多媒体表示在数据可视化中也得到了广泛应用。数据可视化过程不再是一个孤立的方式，而是呈现出与其他感知（如听觉、触觉、味觉等）处理不断融合的趋势。其中，最有代表性的是数据的故事化描述（Data Storytelling）。"数据的故事化描述"指为了提高数据的可理解性、可记忆性及可体验性，将"数据"还原成关联至特定的"情景"的过程。数据故事化也是数据转换的表现形式之一，其本质是以"故事讲述"的方式呈现"数据的内容或数据分析/洞察结果"。

（3）**有效利用数据可视化方法**。可视化处理是数据呈现的重要手段，在数据科学中占有重要地位。但是，数据可视化也不是万能的，更不能"为了可视化而可视化"。可视化处理的前提是在特定原始数据、用户需求和目标导向下，可视化表示的效果优于非可视化表示方式。当自然语言描述、形式化表示、语音描述等非可视化方式表示的效果优于可视化表示时，我们还是采用非可视化方式，而不是刻意采用可视化方式。

（4）**重视数据可视化的动手实践**。数据可视化是一门实践性很强的学科，需要我们不断动手练习。动手操作数据可视化的过程中要注意通过计算机技术手段进行人机协同数据可视化处理，而不应过多关注传统的手工绘制图表的方式。在数据的自动可视化中，初学者应重视基于 Python 及其第三方包（如 Matplotlib、seaborn、Bokeh、Basemap、Plotly、NetworkX 等）进行数据可视化实践。

习　题

一、选择题

1．（　　）是人类获得信息的最主要感觉。

A．味觉　　　　　　　　B．视觉　　　　　　　　C．听觉　　　　　　　　D．触觉

2．从安斯科姆的 4 组数据（Anscombe's Quartet）可以看到（　　）。

A．数据可视化中的数据可以分为 4 组

B．数据可视化在数据科学中的重要地位

C．数据可视化与机器学习具有同等作用

D．数据可视化与统计学具有同等作用

3．2003 年，Tableau 在斯坦福大学诞生，它起源于一种改变数据使用方式的新技术——（　　）语言。

A．VizQL　　　　　　　　B．SQL　　　　　　　　C．XSQL　　　　　　　　D．NewSQL

4．凯姆等人在 2008 年提出的可视分析学模型认为从数据到知识的转换途径有（　　）。

A．知识发现　　　　　　B．可视化分析　　　　　C．自动化建模　　　　　D．数据洞察

5．在视觉编码中，通常采用（　　）进行视觉编码。

A．视觉图形元素　　　　B．视觉通道　　　　　　C．视觉假象　　　　　　D．视觉突出

6. （　　）较好地解释了人类视觉感知和认知过程的重要特征：人类的视觉感知活动往往倾向于将被感知对象当作一个整体去认知，并理解为与自己经验相关的、简单的、相连的、对称的或有序的，以及基于直觉的完整结构。

A．视觉通道　　　　　B．完图法则　　　　　C．视觉编码　　　　　D．视觉隐喻

7. （　　）数据只能进行是否相等的判断，而不能进行大小比较、加减乘除等其他运算。

A．定类　　　　　　　B．定序　　　　　　　C．定距　　　　　　　D．定比

8. 定序数据可以支持的算子有（　　）。

A．判断是否相等　　　B．大小比较运算　　　C．加减运算　　　　　D．乘除运算

9. 在数据可视化中，视觉通道的表现力的评价指标包括（　　）。

A．精确性　　　　　　B．可辨认性　　　　　C．可分离性　　　　　D．视觉突出性

10. 在数据可视化中，产生视觉假象的原因可能为（　　）。

A．可视化视图所处的上下文（周边环境）　　　B．目标用户的经历与经验

C．数据可视化人员对数据不理解　　　　　　　D．人眼对亮度和颜色的相对判断

11. （　　）是一门以可视交互为基础，综合运用图形学、数据挖掘和人机交互等技术和多个学科领域的知识，以实现人机协同完成可视化任务为主要目的的分析推理性学科。

A．科学可视化　　　　　　　　　　　　B．可视分析学

C．数据可视化　　　　　　　　　　　　D．信息可视化

二、调研与分析题

1. 结合自己的专业领域，调研该领域的数据可视化方法、技术与工具。

2. 调研常用数据可视化工具软件（包括开源系统），并进行对比分析。

3. 对数据可视化领域进行文献研究，并采用数据可视化方法展示该领域的典型文献数据。

第 **5** 章 <span></span> 数据加工

 本章学习提示及要求

了解：

- 数据加工在数据科学中的重要地位。
- 大数据环境下的数据加工的新含义和新要求。

理解：

- 规整数据的概念及基本原则。
- 探索性数据分析方法。

掌握：

- 数据大小及其标准化。
- 缺失数据及其处理方法。
- 噪声数据及其处理方法。
- 数据降维及其处理方法。
- 数据脱敏及其处理方法。
- 数据形态及其规整化方法。

熟练掌握：

- 基于 Python 的数据加工方法。

数据加工

5.1 数据科学与数据加工

数据加工（Data Wrangling 或 Data Munging）是数据科学的主要研究内容之一，如图 5-1 所示。数据加工的本质是将低层次数据转换为高层次数据。从加工程度看，数据可以分为 0 次、1 次、2 次、3 次数据。与数据加工相关的概念中，数据加工和数据处理是两个容易混淆的术语，应予以区分。在数据科学中，需要注意"数据加工"的两个基本问题。

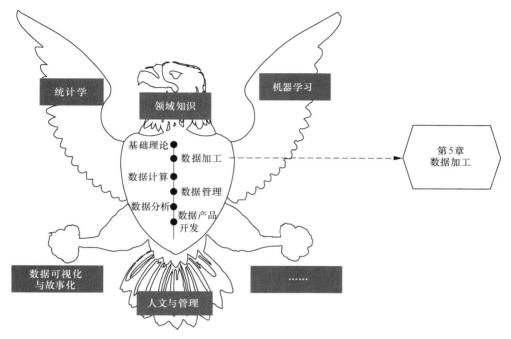

图 5-1　数据加工与数据科学

（1）数据科学中对数据加工赋予了新含义——将数据科学家的 3C 精神融入数据加工，数据加工应该是一种增值过程。因此，数据科学中的数据加工不等同于传统数据工程中的"数据预处理"和"数据工程"。

（2）数据加工往往会导致信息丢失或扭曲现象出现。因此，数据科学家需要在数据复杂度和算法鲁棒性之间寻找平衡。

5.2　探索性数据分析

通常，探索性数据分析是数据加工的第一步。探索性数据分析（Exploratory Data Analysis，EDA）指对已有的数据（特别是调查或观察得来的原始数据）在尽量少的先验假定下进行探索，并通过作图、制表、方程拟合、计算特征量等手段探索数据的结构和规律的一种数据分析方法。当数据科学家对数据中的信息没有足够的把握，且不确定应该使用何种传统统计方法进行分析时，经常通过探索性数据分析方法达到数据理解的目的。**探索性数据分析主要关注的是以下 4 个主题。**

1．耐抗性分析

耐抗性（Resistance）指对于数据的局部不良行为的非敏感性，它是探索性数据分析追求的主要目标之一。对于具有耐抗性的分析结果，当数据的一小部分被新的数据代替时，即使它们与原来的数值差别很大，分析结果也只会有轻微的改变。数据科学家重视耐抗性的主要原因在于"好"的数据也难免有差错甚至是重大差错。因此，进行数据分析时要有预防大错的破坏性影响的措施。由于强调数据分析的耐抗性，探索性数据分析的结果具有较强的耐抗性。例如，中位数平滑是一种耐抗技术，而中位数（Median）是高耐抗性统计量之一。探索性数据分析中常用的耐抗性分析统计量可以分为集中趋势、离散程度、分布状态和频度等 4 类，以下为集中趋势、离散程度和分布状态统计量，如表 5-1～表 5-3 所示。

表 5-1　　　　　　　　　　描述性统计中常用的集中趋势统计量

中文	英文	含义
众数	Mode	一组数据中出现最多的变量值
中位数	Median	一组数据排序后处于中间位置的变量值
四分位数	Quartile	一组数据排序后处于 25%和 75%位置上的值
和	Sum	一组数据相加后得到的值
平均值	Mean	一组数据相加后除以数据的个数得到的值

表 5-2　　　　　　　　　　描述性统计中常用的离散程度统计量

中文	英文	含义
极差	Range	一组数据的最大值与最小值之差
标准差	Standard Deviation	描述变量相对于均值的扰动程度，即数据相对于均值的离散程度
方差	Variance	标准差的平方
极小值	Minimum	某变量所有取值的最小值
极大值	Maximum	某变量所有取值的最大值

表 5-3　　　　　　　　　　描述性统计中常用的数据分布状态统计量

中文	英文	含义
偏态	Skewness	描述数据分布的对称性。当"偏态系数"等于 0 时，对应数据的分布为对称，否则分布为非对称
峰态	Kurtosis	描述数据分布的平峰或尖峰程度。当"峰态系数"等于 0 时，数据分布为标准正态分布，否则比正态分布更平或更尖

2．残差分析

残差（Residuals）指数据减去一个总括统计量或模型拟合值时的残余部分，即：

$$残差＝实际值－拟合值$$

如果我们对数据集 Y 进行分析后得到拟合函数 $\hat{y} = a + bx$，则在 x_i 处对应两个值，即实际值（y_i）和拟合值（$\hat{y}_i$）。因此，x_i 处的残差 $e_i = y_i - \hat{y}_i$，如图 5-2 所示。

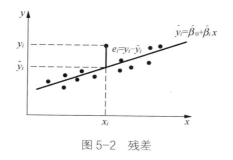

图 5-2 残差

3. 重新表达

重新表达（Re-Expression）指找到合适的尺度或数据表达方式进行一定的转换，使数据有利于简化分析。探索性数据分析强调，应尽早考虑数据的原始尺度是否合适的问题。如果尺度不合适，**重新**表达成另一个尺度可能更有助于促进对称性、变异恒定性、关系直线性或效应的可加性等。重新表达也称为变换（Transformation），一批数据 $x_1, x_2, \cdots, x_n$ 的变换通过一个函数 T 实现，它把每个 x_i 用新值 $T(x_i)$ 来代替，变换后的数据值是

$$T(x_1), T(x_2), \cdots, T(x_n)$$

4. 启示

启示（Revelation）指通过探索性数据分析，发现新的规律、问题等，进而满足数据加工和数据分析的需要。

5.3 数据大小及标准化

标准化处理是数据大小变换的最常用方法之一。**数据标准化处理**（Data Normalization）的目的是将数据按比例缩放，使之位于一个较小的特定区间。在某些比较和评价类的指标处理中经常需要取消数据的单位限制，将其转化为无量纲的纯数值，便于不同单位或量级的指标能够进行比较和加权。

1. 0-1 标准化

0-1 标准化（0-1 Normalization）指对原始数据的线性变换，使结果位于[0, 1]范围内，转换函数如下：

$$x^* = \frac{x - \text{Min}}{\text{Max} - \text{Min}}$$

其中，Max 和 Min 分别为样本数据的最大值和最小值；x 与 x^* 分别代表标准化处理前的值和标准化处理后的值。

Min-Max 标准化比较简单，但也存在一些缺陷——当有新数据加入时，可能导致最大值和最小值变化，需要重新定义 Min 和 Max 的取值。

2．z-score 标准化

z-score 标准化（Zero-Score Normalization）指使经过处理的数据符合标准正态分布，即均值为 0，标准差为 1，其转化函数为：

$$z = \frac{x - \mu}{\sigma}$$

其中 μ 为平均数，σ 为标准差，x 与 z 分别代表标准化处理前的值和标准化处理后的值。

5.4 缺失数据及其处理方法

缺失数据的处理步骤主要涉及 3 个关键活动：识别缺失数据、分析缺失数据和处理缺失数据，如图 5-3 所示。

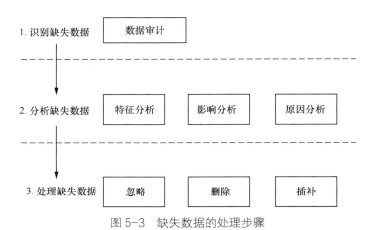

图 5-3 缺失数据的处理步骤

（1）**识别缺失数据**。主要采用数据审计（包括数据的可视化审计）的方法发现缺失数据。

（2）**分析缺失数据**。主要包括缺失数据的特征分析、影响分析及原因分析。通常，缺失值有 3 种类型，即完全随机缺失、随机缺失和非随机缺失，如表 5-4 所示。可见，针对不同的缺失值类型，我们应采用不同的应对方法。另外，缺失数据对后续数据处理结果的影响也是不可忽视的。当缺失数据的比例较大，并且涉及多个变量时，缺失数据的存在可能影响数据分析结果的正确性。在缺失数据及其影响的分析基础上，我们还需要利用数据所属领域的知识进一步分析其背后原因，为应对策略（删除或插补缺失数据）的选择与实施提供依据。

（3）**处理缺失数据**。根据缺失数据对分析结果的影响及导致数据缺失的影响因素，选择具体的缺失数据处理策略——忽略、删除或插补处理。

表 5-4 缺失值的类型

类型	特征	解决方法
完全随机缺失（MCAR）	某变量的缺失数据与其他任何观测变量或未观测变量都不相关	较为简单，可以进行忽略、删除、插补处理
随机缺失（MAR）	某变量的缺失数据与其他观测变量相关，但与未观测变量不相关	
非随机缺失（NMAR）	缺失数据不属于上述"完全随机缺失"或"随机缺失"	较为复杂，可以采用模型选择法和模式混合法等

5.5 噪声数据及其处理方法

"噪声"指测量变量中的随机错误或偏差。噪声数据的主要表现形式有 3 种：错误数据、虚假数据和离群数据。考虑到错误数据和虚假数据取决于具体领域知识，在此不做详细介绍。离群数据处理的常用方法如下。

5.5.1 离群点处理

离群点（Outlier）是数据集中与其他数据偏离太大的点。需要注意的是，离群点与高杠杆点（High Leverage）和强影响点（Influential Point）是 3 个既有联系又有区别的概念，以体重和身高的数据为例，如图 5-4 所示。高杠杆点通常指自变量中出现异常的点[1]。强影响点指对模型有较大影响的点，模型中包含该点与不包含该点会使模型相差很大。

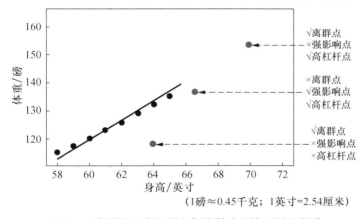

（1磅≈0.45千克；1英寸=2.54厘米）

图 5-4 离群点、高杠杆点和强影响点的区别与联系

常用离群点的识别方法有 4 种。

（1）可视化方法。例如图 5-4 所示的绘制散点图的方法；也可以采用箱线图方法，如图 5-5 所示，其中没有包含在箱线中的 3 个独立的点是离群点。

---

[1] 杠杆（Leverage）指自变量（Independent Variables）对自身均值的偏移程度。

（2）四分位距方法。我们通常将小于 Q1–1.5IQR 或大于 Q3+1.5IQR 的数据定义为离群值。

（3）z-score 方法。通常将 z-score 值在 3 倍以上的点视为离群点。

（4）聚类算法。如用 DBSCAN、决策树、随机森林算法等发现离群点。

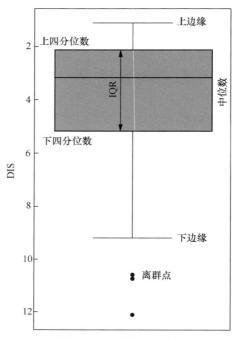

图 5-5　箱线图与离群点

5.5.2　分箱处理

分箱（Binning）处理的基本思路是将数据集放入若干个"箱子"之后，用每个箱子的均值（或边界值）替换该箱内部的每个数据成员，进而达到噪声处理的目的。

下面以数据集 Score={60, 65, 67, 72, 76, 77, 84, 87, 90} 的噪声处理为例，介绍分箱处理（采用均值平滑技术等的深分箱方法）的基本步骤。

第 1 步：将原始数据集 Score={60, 65, 67, 72, 76, 77, 84, 87, 90} 放入以下 3 个箱。

箱 1：60, 65, 67

箱 2：72, 76, 77

箱 3：84, 87, 90

第 2 步：计算每个箱的均值。

箱 1 的均值：64

箱 2 的均值：75

箱 3 的均值：87

第 3 步：用每个箱的均值替换对应箱内的所有数据成员，进而达到数据平滑（去噪声）的目的。

箱 1：64, 64, 64

箱 2：75, 75, 75

箱 3：87, 87, 87

第 4 步：合并各箱，得到数据集 Score 经过噪声处理后的新数据集 score*，即

score*={64, 64, 64, 75, 75, 75, 87, 87, 87}

需要补充说明的是，根据具体实现方法的不同，数据分箱处理可分为多种具体方法。图 5-6 所示为分箱处理的步骤与类型。

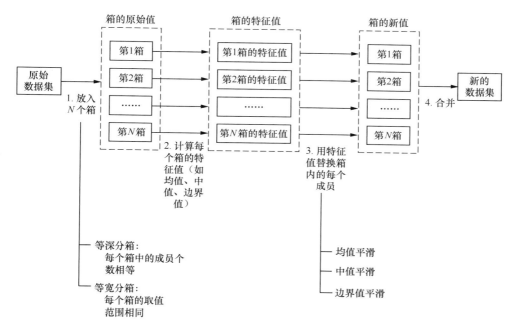

图 5-6 分箱处理的步骤与类型

（1）根据对**原始数据集的分箱策略**，分箱方法可以分为两种：等深分箱（每个箱中的成员个数相等）和等宽分箱（每个箱的取值范围相同）。

（2）根据每个**箱内成员数据的替换方法**，分箱方法可以分为均值平滑[①]技术（用每个箱的均值代替箱内成员数据，如上例所示）、中值平滑技术（用每个箱的中值代替箱内成员数据）和边界值平滑技术（**"边界值"**指箱中的最大值和最小值，"边界值平滑"指每个值被最近的边界值替换）。

图 5-7 所示为均值平滑和边界值平滑的处理过程。

[①] 平滑处理指去掉数据中的噪声。

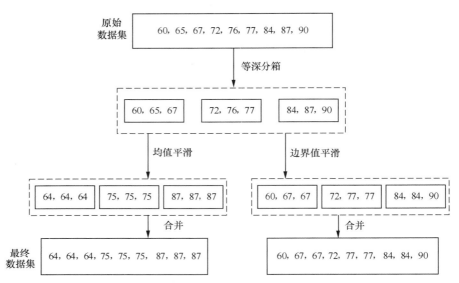

图 5-7　均值平滑与边界值平滑的处理过程

5.6　数据维度及其降维处理方法

维度（Dimensionality）是数据集中的对象具有的属性数目。例如，表 5-5 给出的数据的维度为 5。

表 5-5　　　　　　　　　　　　　　鸢尾花（iris）数据集

ID	sepal length（花萼长度）	sepal width（花萼宽度）	petal length（花瓣长度）	petal width（花瓣宽度）	iris（鸢尾花的类型）
1	5.1	3.5	1.4	0.2	Iris-setosa
2	4.9	3	1.4	0.2	Iris-setosa
3	4.7	3.2	1.3	0.2	Iris-setosa
4	4.6	3.1	1.5	0.2	Iris-setosa
5	5	3.6	1.4	0.2	Iris-setosa
6	5.4	3.9	1.7	0.4	Iris-setosa
7	4.6	3.4	1.4	0.3	Iris-setosa
8	5	3.4	1.5	0.2	Iris-setosa
9	4.4	2.9	1.4	0.2	Iris-setosa
10	4.9	3.1	1.5	0.1	Iris-setosa
11	5.4	3.7	1.5	0.2	Iris-setosa
12	4.8	3.4	1.6	0.2	Iris-setosa
13	4.8	3	1.4	0.1	Iris-setosa
14	4.3	3	1.1	0.1	Iris-setosa
15	5.8	4	1.2	0.2	Iris-setosa
16	5.7	4.4	1.5	0.4	Iris-setosa

续表

ID	sepal length （花萼长度）	sepal width （花萼宽度）	petal length （花瓣长度）	petal width （花瓣宽度）	iris （鸢尾花的类型）
17	5.4	3.9	1.3	0.4	Iris-setosa
18	5.1	3.5	1.4	0.3	Iris-setosa

在大数据分析中经常遇到"维度灾难"，随着数据维度的增加，数据分析变得非常困难。例如，有些算法在低维空间表现很好，但遇到高维数据时，算法往往失效。因此，数据科学中往往需要进行"降维"处理，即将"高维数据"转换为"低维数据"。常用于数据降维的方法有以下几种。

5.6.1　特征选择

特征选择（Feature Selection）又称为特征子集选择（Feature Subset Selection，FSS），指从已有的 M 个特征（Feature）中选择 N 个特征（$M \geqslant N$）使机器学习算法的特定指标最优化，从原始特征中选择出一部分有效特征以降低数据集维度的过程。通常，依据将数据集中的"缺失值的占比过高的特征（无法进行缺失值插补的属性）""方差过小的特征（说明该属性上的取值基本相同）""不相关特征（与数据分析任务无关的属性）"和"冗余特征（与其他属性之间相互交叉或有重叠关系的属性，即相关系数高的属性）"删除的方式实现特征选择的目的。需要注意的是，特征选择（Feature Selection）和特征提取（Feature Extraction）是两个不同的概念，特征提取专指"基于原始数据创建新的属性集"。具体而言，常用的特征选择方法有 3 种：过滤法、包裹法和嵌入法。

1．过滤法

过滤法是采用统计学中的统计指标的方法，为每个特征打分，并根据打分结果进行选择或过滤。其中，统计指标的计算主要是根据数据本身的特点进行的，通常与后续处理中即将建立的具体模型无关。例如，用卡方检验的方法判断特征变量和目标变量之间是否相互独立。在编写具体程序时，可以采用 Python 的 sklearn.feature_selection 包中提供的名为 SelectKBest() 的方法，实现基于过滤法的特征选择，核心代码如下。

```
from sklearn.feature_selection import SelectKBest
from sklearn.feature_selection import chi2

kBestFeatures=SelectKBest(chi2, k=3).fit_transform(X, y)
```

2．包裹法

包裹法是采用模型参与的递归式特征消除（Recursive Feature Elimination）和交叉验证式的特征选择（Cross-validated Selection）方法，找出最优的特征子集。与过滤法不同的是，包裹法中用到了即将建立的具体模型，即与后续处理中即将建立的具体模型有关。例如，可以使用 sklearn.feature_selection 的 RFECV() 方法实现对 LinearSVC 模型的递归式调用和交叉验证，输出各特征的支持度，核心代码如下。

```
from sklearn.feature_selection import RFECV
from sklearn.svm import LinearSVC
```

```
svc = LinearSVC(C=0.01, penalty="l1", dual=False)
rfe = RFECV(estimator=svc, step=1, cv=8)
X_new = rfe.fit_transform(X, y)
rfe.support_
```

3．嵌入法

有些算法本身可以支持特征系数或权重的计算，因此，开发者有时会将特征选择工作嵌入模型构建过程本身，但此类方法并不支持所有算法和模型。比较典型的是随机森林和 Lasso 回归模型。以随机森林为例，核心代码如下。

```
from sklearn.ensemble import RandomForestClassifier
rfc = RandomForestClassifier(n_jobs=4,
                    random_state=2019,
                    n_estimators=400,
                    max_features=3,
                    class_weight={1:3.5}
                    )
rfc.fit(X_train, y_train)
feature_importances = pd.Series(rfc.feature_importances_, index=predictors)
feature_importances.sort_values(ascending=False)
```

5.6.2　主成分分析

主成分分析（Principal Component Analysis，PCA）常用于将数据的属性集转换为新的、更少的、正交的属性集。在主成分分析中，第一主成分具有最大的方差值；第二主成分试图解释数据集中的剩余方差，并且与第一主成分不相关（正交）；第三主成分试图解释前两个主成分没有解释的方差，以此类推。

与特征选择不同的是，主成分分析方法得到的属性往往是新生成的，并不属于原始数据自带的属性集。主成分分析的方法论基础为线性代数中的奇异值分解（Singular Value Decomposition）。

在 Python 数据科学编程中，通常采用第三方包 sklearn.decomposition 的 PCA()函数进行主成分分析。PCA 函数的参数如下。

```
PCA(
    n_components=None,
    copy=True,
    whiten=False,
    svd_solver='auto',
    tol=0.0,
    iterated_power='auto',
    random_state=None,
)
```

5.7　数据脱敏及其处理方法

数据脱敏（Data Masking）指在不影响数据分析结果的准确性的前提下，对原始数据进行一定的变换操作，对其中的个人（或组织）敏感数据进行替换或删除，降低信息的敏感性，避免相关主体的信息安全隐患和个人隐私问题，如图 5-8 所示。

脱敏处理前

序号	姓名	性别	出生年月	家庭住址	婚姻状态	月收入	……
1	张三	男	1990.01	北京市海淀区颐和园路 5 号	已婚	7655.00	……
2	李四	女	1992.12	浙江省杭州市西湖区余杭塘路 866 号	未婚	8958.00	……
3	王五	男	1988.12	哈尔滨市南岗区西大直街 92 号	已婚	9958.00	……
4	赵六	女	1993.12	湖北省武汉市武昌区八一路 299 号	再婚	6958.00	……

脱敏处理后

序号	性别	出生年月	家庭住址	月收入	……
1	男	1990.01	北京市	6000~8000	……
2	女	1992.12	杭州市	8000~10000	……
3	男	1988.12	哈尔滨市	8000~10000	……
4	女	1993.12	武汉市	6000~8000	……

图 5-8 数据脱敏处理

需要注意的是，**数据脱敏处理不能停留在简单地将敏感信息屏蔽掉或匿名处理。数据脱敏处理必须满足以下 3 个要求。**

1．单向性

数据脱敏处理必须具备单向性——从原始数据中可以容易地得到脱敏数据，但无法从脱敏数据推导出原始数据。例如，如果字段"月收入"采用每个主体均加 3000 元的方法处理，用户可能通过对脱敏后的数据的分析推导出原始数据的内容。

2．无残留

数据脱敏处理必须保证用户无法通过其他途径还原敏感信息。为此，除了确保数据替换的单向性之外，还需要考虑是否可能有其他途径来还原或估计被屏蔽的敏感信息。例如，在图 5-8 中，仅对"家庭住址"字段等进行脱敏处理是不够的，还需要同时脱敏处理"邮寄地址"。再如，仅仅屏蔽"姓名"字段的内容也是不够的，因为我们可以采用"用户画像分析"技术，识别且定位到个人。

3．易于实现

数据脱敏处理所涉及的数据量大，所以需要的是便于计算的简单方法，而不是具有高时间复杂度和高空间复杂度的计算方法。例如，如果采用加密算法（如 RSA 算法）对数据进行脱敏处理，那么不仅计算过程复杂，而且无法保证无残留信息。

数据脱敏处理需要 3 个基本活动：识别敏感信息、脱敏处理和脱敏处理的评价。其中，脱敏处理可采用替换和过滤两种不同的方法，通常采用 Hash 函数的方法进行数据的单向映射。

5.8 数据形态及其规整化方法

一般情况下，算法对数据的形态是有特殊要求的，如 R 中实现 KNN 算法的多数函数的输入参数必须为数据框或向量。当数据的形态不符合算法要求时，需要对原始数据进行一定的加工处理，将其转换为"规整数据（Tidy Data）"，以便在算法中直接处理。

以关系表为例，所谓"规整数据"应同时满足以下 3 个基本原则，如图 5-9 所示。

（1）每个观察占且仅占一行。

（2）每个变量占且仅占一列。

（3）每一类观察单元构成一个关系（表）。

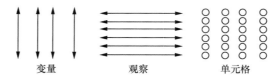

变量　　　　　观察　　　　　单元格

图 5-9　规整数据示意图

通常，数据科学家所面对的数据并不是规整数据，而是乱数据（Messy Data）。需要注意的是，乱数据的存在形式会有很多种。例如，表 5-6 和表 5-7 是我们经常遇到的表格，虽然描述的内容相同，但结构不同。从规整数据的 3 个基本原则看，表 5-6 和表 5-7 均不属于规整数据。对应的规整数据应采用另一种结构，如表 5-8 所示。

表 5-6　　　　　　　　　　　　　　测试数据 A

姓名	测试 A	测试 B
John Smith	\	2
Jane Doe	16	11
Mary Johnson	3	1

表 5-7　　　　　　　　　　　　　　测试数据 B

	John Smith	Jane Doe	Mary Johnson
测试 A	\	16	3
测试 B	2	11	1

表 5-8　　　　　　　　　　　　　　测试数据 C

姓名	测试	结果
John Smith	a	\
Jane Doe	a	16

姓名	测试	结果
Mary Johnson	a	3
John Smith	b	2
Jane Doe	b	11
Mary Johnson	b	1

再如，表 5-9 是一种典型的乱数据——列名代表"取值范围"，而不是"变量名"。对应的规整数据如表 5-10 所示。

表 5-9　　　　　　　Pew 论坛部分人员信仰与收入数据统计（规整化处理之前）

信仰	<$10k	$10k～20k	$20k～30k	$30k～40k	$40k～50k	$50k～75k
A 教	27	34	60	81	76	137
B 教	12	27	37	52	35	70
C 教	27	21	30	34	33	58
D 教	418	617	732	670	638	1116
E 教	15	14	15	11	10	35
F 教	575	869	1064	982	881	1486
G 教	1	9	7	9	11	34
I 教	228	244	236	238	197	223
J 教	20	27	24	24	21	30
K 教	19	19	25	25	30	95

（注：本表只显示前 10 行）

表 5-10　　　　　　Pew 论坛部分人员信仰与收入数据统计（规整化处理之后）

信仰	收入	频率
A 教	<$10000	27
A 教	$10000-20000	34
A 教	$20000-30000	60
A 教	$30000-40000	81
A 教	$40000-50000	76
A 教	$50000-75000	137
A 教	$75000-100000	122
……	……	……

（注：本表仅显示前 7 行）

常用于 Python 数据规整化的方法有 pivot()、stack()、unstack() 和 melt() 等。以 pandas 的数据框（DataFrame）为例，上述 4 个方法的主要功能如下。

（1）pivot() 方法。主要用于通过定义索引（Index）、列名（Columns）和取值（Values）的方式改变数据的形状，如图 5-10 所示。

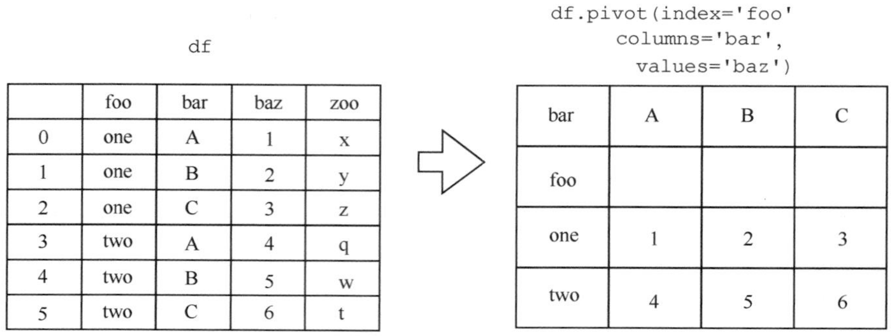

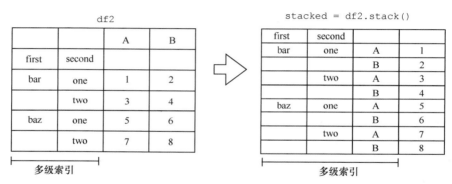

图 5-10　pivot()方法的功能示意图

（2）stack()方法和 unstack()方法。主要用于建立多级索引。默认情况下，将原列名转换为最内层（最低级索引），如图 5-11 所示。unstack()方法的功能与 stack()方法的逆向操作相同，如图 5-12 所示。

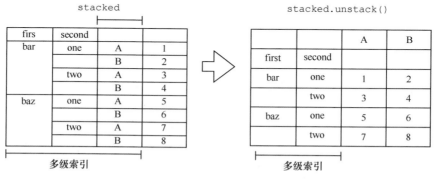

图 5-11　stack()方法的功能示意图

图 5-12　unstack()方法的功能示意图

（3）melt()方法。主要用于建立多个标识列（Identifier Variables），建立方式为通过设置参数 id_vars 指定标识列，并将未加入标识列的所有剩余列名统一放在新列 variable 中，而对应值放在新列 value 中，如图 5-13 所示。

df3				
	first	last	height	weight
0	John	Doe	5.5	130
1	Mary	Bo	6.0	150

`df3.melt(id_bars=['first','last'])`

	first	last	variable	value
0	John	Doe	height	5.5
1	Mary	Bo	height	6.0
2	John	Doe	weight	130
3	Mary	Bo	weight	150

图 5-13　melt()方法的功能示意图

5.9　Python 编程实践

【分析对象】

VIM（Visualization and Imputation of Missing Values）包提供了哺乳动物的睡眠数据集——sleep（见表 5-11）。该数据来源于 Allision 和 Chichetti（1976）的研究。他们以睡眠数据为因变量，以生态学变量和体质变量为自变量，分析了 62 种哺乳动物的睡眠数据与生态学变量及体质变量之间的关系。其中：

（1）睡眠变量，包括睡眠中做梦的时长（Dream）、不做梦的时长（NonD）以及二者的和（Sleep）；

（2）体质变量，包括体重（BodyWgt，单位为千克）、脑重（BrainWgt，单位为克）、寿命（Span，单位为年）和妊娠期（Gest，单位为天）；

（3）生态学变量，包括物种被捕食的程度（Pred）、睡眠时暴露的程度（Exp）和面临的总危险程度（Danger）。其中，生态学变量以从 1（低）到 5（高）的五分制进行测量。

表 5-11　　　　　　　　哺乳动物的睡眠数据集——sleep（部分）

	BodyWgt	BrainWgt	NonD	Dream	Sleep	Span	Gest	Pred	Exp	Danger
1	6654.000	5712.00	NA	NA	3.3	38.6	645.0	3	5	3
2	1.000	6.60	6.3	2.0	8.3	4.5	42.0	3	1	3
3	3.385	44.50	NA	NA	12.5	14.0	60.0	1	1	1
4	0.920	5.70	NA	NA	16.5	NA	25.0	5	2	3
5	2547.000	4603.00	2.1	1.8	3.9	69.0	624.0	3	5	4
6	10.550	179.50	9.1	0.7	9.8	27.0	180.0	4	4	4
7	0.023	0.30	15.8	3.9	19.7	19.0	35.0	1	1	1
8	160.000	169.00	5.2	1.0	6.2	30.4	392.0	4	5	4
...	......	......	......	......	......	......	......	......	...	......
...	......	......	......	......	......	......	......	......	...	......

续表

	BodyWgt	BrainWgt	NonD	Dream	Sleep	Span	Gest	Pred	Exp	Danger
58	2.000	12.30	4.9	0.5	5.4	7.5	200.0	3	1	3
59	0.104	2.50	13.2	2.6	15.8	2.3	46.0	3	2	2
60	4.190	58.00	9.7	0.6	10.3	24.0	210.0	4	3	4
61	3.500	3.90	12.8	6.6	19.4	3.0	14.0	2	1	1
62	4.050	17.00	NA	NA	NA	13.0	38.0	3	1	1

【分析目的及任务】

掌握数据预处理的基本方法，包括探索性分析、缺失值处理、数据排序、分组统计、条件过滤、标准化处理。

【分析方法及工具】

Python 语言。

【主要步骤】

数据加工的步骤主要包括数据读取、探索性分析、缺失值处理、数据排序、分组统计、条件过滤、标准化处理等。

Step 1：数据读取

鉴于数据文件 sleep.xlsx 以 Excel 格式提供，本例采用 Pandas 包提供的 read_excel() 函数将当前工作目录下的 sleep.xlsx 文件读取至 Pandas 数据框对象 df_sleep。由于本书第 2 章中已详细介绍过当前工作目录的查看和设置方法，以及基于 Pandas 包读取数据文件的方法，在此不再赘述。读者可以从本书配套资源中找到数据文件 sleep.xlsx。数据读取示例如下。

```
#导入 pandas 包
import pandas as pd
```

In[1]   df_sleep = pd.read_excel('sleep.xlsx',index_col=0)

df_sleep.head()

对应输出结果为：

	BodyWgt	BrainWgt	NonD	Dream	Sleep	Span	Gest	Pred	Exp	Danger
1	6654.000	5712.0	NaN	NaN	3.3	38.6	645.0	3	5	3
2	1.000	6.6	6.3	2.0	8.3	4.5	42.0	3	1	3
3	3.385	44.5	NaN	NaN	12.5	14.0	60.0	1	1	1
4	0.920	5.7	NaN	NaN	16.5	NaN	25.0	5	2	3
5	2547.000	4603.0	2.1	1.8	3.9	69.0	624.0	3	5	4

从输出结果可以看出，数据文件 sleep.xlsx 已被成功读取至 Pandas 数据框 df_sleep 中。其中，index_col=0 的含义为将数据文件 sleep.xlsx 中的第 0 列作为数据框 df_sleep 的索引列（行名）。

116

Step 2：探索性分析

要对数据框 df_sleep 进行探索性分析，本例将采用的实现方式为调用 Pandas 包中的数据框（DataFrame）的 describe()方法。示例如下。

```
In[2]   df_sleep.describe()
```

对应输出结果为：

	BodyWgt	BrainWgt	NonD	Dream	Sleep	Span	Gest	Pred	Exp	Danger
count	62.000000	62.000000	48.000000	50.000000	58.000000	58.000000	58.000000	62.000000	62.000000	62.000000
mean	198.789984	283.134194	8.672917	1.972000	10.532759	19.877586	142.353448	2.870968	2.419355	2.612903
std	899.158011	930.278942	3.666452	1.442651	4.606760	18.206255	146.805039	1.476414	1.604792	1.441252
min	0.005000	0.140000	2.100000	0.000000	2.600000	2.000000	12.000000	1.000000	1.000000	1.000000
25%	0.600000	4.250000	6.250000	0.900000	8.050000	6.625000	35.750000	2.000000	1.000000	1.000000
50%	3.342500	17.250000	8.350000	1.800000	10.450000	15.100000	79.000000	3.000000	2.000000	2.000000
75%	48.202500	166.000000	11.000000	2.550000	13.200000	27.750000	207.500000	4.000000	4.000000	4.000000
max	6654.000000	5712.000000	17.900000	6.600000	19.900000	100.000000	645.000000	5.000000	5.000000	5.000000

其中，count、mean、std、min、25%、50%、75%和 max 的含义分别为个数、均值、标准差、最小值、上四分位数、中位数、下四分位数和最大值。

除了 describe()方法，还可以调用 shape 属性和 pandas_profiling 包对数据框进行探索性分析。以 shape 属性为例，示例如下。

```
In[3]   df_sleep.shape
```

对应输出结果为：

```
(62, 10)
```

从此输出结果可以看出，数据框 df_sleep 的行数和列数分别为 62 和 10，与原始数据文件 sleep.xlsx 的内容一致。

Step 3：缺失值处理

首先，分别统计分析数据框 df_sleep 的各列中包含缺失值的行数，本例所采用的方法为调用 Pandas 包中的数据框（DataFrame）的 info()方法。示例如下。

```
In[4]   df_sleep.info()
```

对应输出结果为：

```
<class 'pandas.core.frame.DataFrame'>
Int64Index: 62 entries, 1 to 62
Data columns (total 10 columns):
 #   Column    Non-Null Count  Dtype
---  ------    --------------  -----
 0   BodyWgt   62 non-null     float64
 1   BrainWgt  62 non-null     float64
 2   NonD      48 non-null     float64
 3   Dream     50 non-null     float64
 4   Sleep     58 non-null     float64
```

```
5   Span      58 non-null    float64
6   Gest      58 non-null    float64
7   Pred      62 non-null    int64
8   Exp       62 non-null    int64
9   Danger    62 non-null    int64
dtypes: float64(7), int64(3)
memory usage: 5.3 KB
```

可见，除了 BodyWgt、BrainWgt、Pred、Exp 和 Danger，其余列中均存在不同数量的缺失值。

其次，调用 dropna()方法，删除含有缺失值的行。示例如下。

```
        df_sleep.dropna(inplace=True)
In[5]
        df_sleep
```

其中，inplace=True 的含义为"该删除操作直接修改数据框 df_sleep 的本身"。dropna()方法的参数 inplace 的默认值为 False，即以另外生成一个新的数据框的方式实现删除缺失值。

In[5]的对应输出结果为（注：考虑到篇幅限制，在此仅显示部分数据行）：

	BodyWgt	BrainWgt	NonD	Dream	Sleep	Span	Gest	Pred	Exp	Danger
2	1.000	6.60	6.3	2.0	8.3	4.5	42.0	3	1	3
5	2547.000	4603.00	2.1	1.8	3.9	69.0	624.0	3	5	4
6	10.550	179.50	9.1	0.7	9.8	27.0	180.0	4	4	4
7	0.023	0.30	15.8	3.9	19.7	19.0	35.0	1	1	1
8	160.000	169.00	5.2	1.0	6.2	30.4	392.0	4	5	4
9	3.300	25.60	10.9	3.6	14.5	28.0	63.0	1	2	1
10	52.160	440.00	8.3	1.4	9.7	50.0	230.0	1	1	1
11	0.425	6.40	11.0	1.5	12.5	7.0	112.0	5	4	4
12	465.000	423.00	3.2	0.7	3.9	30.0	281.0	5	5	5
15	0.075	1.20	6.3	2.1	8.4	3.5	42.0	1	1	1
16	3.000	25.00	8.6	0.0	8.6	50.0	28.0	2	2	2
17	0.785	3.50	6.6	4.1	10.7	6.0	42.0	2	2	2

从输出结果可以看出，部分行（如第 1，3，4 行等）已被删除。当再次查看数据框 df_sleep 的形状（shape）属性时，可以看到数据框 df_sleep 的行数已经减少至 42 行，具体示例如下。

```
In[6]  df_sleep.shape
```

对应输出结果为：

```
(42, 10)
```

Step 4：数据排序

根据"体重（BodyWgt）"对数据框 df_sleep 进行排序，排序策略为"降序"。本例所采用的实现方式为调用 Pandas 包中的数据框（DataFrame）的 sort_values()方法。
示例如下。

```
In[7]  df_sleep.sort_values(by="BodyWgt", ascending=False)
```

对应输出结果为：

	BodyWgt	BrainWgt	NonD	Dream	Sleep	Span	Gest	Pred	Exp	Danger
5	2547.000	4603.00	2.1	1.8	3.9	69.0	624.0	3	5	4
29	521.000	655.00	2.1	0.8	2.9	46.0	336.0	5	5	5
12	465.000	423.00	3.2	0.7	3.9	30.0	281.0	5	5	5
45	192.000	180.00	6.5	1.9	8.4	27.0	115.0	4	4	4
8	160.000	169.00	5.2	1.0	6.2	30.4	392.0	4	5	4
25	85.000	325.00	4.7	1.5	6.2	41.0	310.0	1	3	1
34	62.000	1320.00	6.1	1.9	8.0	100.0	267.0	1	1	1
54	55.500	175.00	3.2	0.6	3.8	20.0	151.0	5	5	5
10	52.160	440.00	8.3	1.4	9.7	50.0	230.0	1	1	1
22	27.660	115.00	3.3	0.5	3.8	20.0	148.0	5	5	5

其中，sort_values()的参数 by 和 ascending 的含义分别为排序依据的列名和排序策略，ascending=False 的含义是排序策略为"降序"。

Step 5：分组统计

根据"睡眠时暴露的程度（Exp）"分组统计"睡眠中做梦的时长（Dream）"的均值，采用方法为 Pandas 包中的数据框（DataFrame）的 groupby()方法。示例如下。

```
In[8]  df_sleep.groupby('Exp')["Dream"].mean()
```

对应输出结果为：

```
Exp
1    2.683333
2    1.788889
3    1.025000
4    1.250000
5    0.900000
Name: Dream, dtype: float64
```

可见，随着"睡眠时暴露的程度（Exp）"的增长，所观察样本动物的"睡眠中做梦的时长（Dream）"的均值降低。

Step 6：条件过滤

对数据框 df_sleep 进行条件过滤，过滤条件为"体重（BodyWgt）大于 100 千克"，所采用的实现方式为 Pandas 包中数据框（DataFrame）的切片处理方法。

```
In[9]  df_sleep[df_sleep.BodyWgt>100]
```

对应输出结果为：

	BodyWgt	BrainWgt	NonD	Dream	Sleep	Span	Gest	Pred	Exp	Danger
5	2547.0	4603.0	2.1	1.8	3.9	69.0	624.0	3	5	4
8	160.0	169.0	5.2	1.0	6.2	30.4	392.0	4	5	4
12	465.0	423.0	3.2	0.7	3.9	30.0	281.0	5	5	5
29	521.0	655.0	2.1	0.8	2.9	46.0	336.0	5	5	5
45	192.0	180.0	6.5	1.9	8.4	27.0	115.0	4	4	4

可见，经缺失值处理后，数据框 df_sleep 中体重大于 100 千克的动物有 5 个。

Step 7：标准化处理

对数据框 df_sleep 中的列"睡眠中做梦的时长（Dream）""不做梦的时长（NonD）"以及二者的和（Sleep）、"体重（BodyWgt）""脑重（BrainWgt）""寿命（Span）"和"妊娠期（Gest）"分别进行 z-score 标准化处理。本例的具体实现方式为采用 z-score 标准化计算公式和 Pandas 数据框的 mean() 和 std() 方法。

```
In[10]
#选择需要标准化处理的列
s_df_sleep=df_sleep[["BodyWgt","BrainWgt","NonD","Dream","Sleep",
"Span","Gest"]]

#进行 z-score 标准化
(s_df_sleep - s_df_sleep.mean())/s_df_sleep.std()
```

对应输出结果为：

	BodyWgt	BrainWgt	NonD	Dream	Sleep	Span	Gest
2	-0.248242	-0.289397	-0.636586	7.200433e-02	-0.497484	-0.734133	-0.687896
5	6.083793	5.982569	-1.731066	-7.200433e-02	-1.431782	2.449931	3.864675
6	-0.224491	-0.053468	0.093068	-8.640519e-01	-0.178973	0.376587	0.391580
7	-0.250672	-0.297993	1.839025	1.440087e+00	1.923198	-0.018336	-0.742652
8	0.147199	-0.067795	-0.923235	-6.480389e-01	-0.943399	0.544429	2.049905
9	-0.242522	-0.263470	0.562131	1.224074e+00	0.819028	0.425952	-0.523628
10	-0.121005	0.301994	-0.115404	-3.600216e-02	-0.200207	1.511990	0.782694
11	-0.249672	-0.289669	0.588190	-2.880173e-01	0.394347	-0.610720	-0.140336
12	0.905750	0.278797	-1.444416	-8.640519e-01	-1.431782	0.524683	1.181631
15	-0.250543	-0.296765	-0.636586	1.440087e-01	-0.476249	-0.783498	-0.687896
16	-0.243268	-0.264289	-0.037227	-1.368082e+00	-0.433781	1.511990	-0.797408

其中，方法 mean() 和 std() 的功能分别为求每一列的均值和方差。Pandas 包的方法 mean() 和 std() 均支持 ufunc（universal function，通用函数）编程，以列为单位进行计算。

5.10　继续学习本章知识

作为数据科学的重要研究内容之一，数据加工与传统数据相关领域中经常提到的数据预处理存在一定的交叉和重叠关系。数据预处理指在对数据进行正式处理（计算）之前，根据后续数据计算的需求对原始数据集进行审计、清洗、转换、集成、标注和排序等一系列处理活动。数据加工的主要目的是提高数据质量，使数据形态更加符合某一算法需求，进而提高数据计算的效率并降低其复杂度。可见，数据加工的主要动机往往来自以下两个方面，如图 5-14 所示。

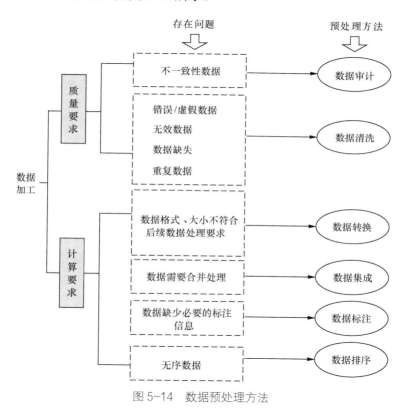

图 5-14　数据预处理方法

1. 数据质量要求

原始数据的质量不高，可能导致数据处理活动的"垃圾进、垃圾出（Garbage In Garbage Out）"。在数据处理过程中，原始数据中可能存在多种质量问题（如存在缺失值、噪声、错误或虚假数据等），将影响数据处理算法的效率与数据处理结果的准确性。因此，对数据进行正式分析和挖掘工作之前，我们需要进行一定的预处理工作——发现数据中存在的质量问题，并采用特定方法处理问题数据。

2. 数据计算要求

原始数据的形态不符合目标算法的要求，后续处理方法无法直接在原始数据上使用。当然，数据质量不高并不是数据加工的唯一原因。当原始数据质量没有问题，但不符合目标算法的要求（如对数据的类型、规模、取值范围、存储位置等要求）时，我们也需要进行数据加工操作。

从图 5-14 可看出，常用的数据预处理方法有数据的审计、清洗、转换、集成、标注、排序等。需要注意的是，上述数据预处理方法之间并不是完全独立的，可能存在一定的重叠或交叉关系，**同一个数据科学项目往往需要综合运用多种预处理方法。**因此，继续学习本章知识时应重视包括上述多种数据预处理方法在内的数据加工方法的综合应用。

习　题

一、选择题

1. （　　）主要代表的是数据的形态是否符合计算与算法要求。

A．规整数据　　　　　B．干净数据　　　　　C．算法数据　　　　　D．抽样数据

2. 规整数据应满足的基本原则有（　　）。

A．每个实体占且仅占一个关系（表）　　　B．每个观察占且仅占一行

C．每个变量占且仅占一列　　　　　　　　D．每一类观察单元构成一个关系（表）

3. 数据科学中的 3C 精神指（　　）。

A．团队合作　　　　　B．批判性思考　　　　C．原创设计　　　　D．好奇性提问

4. （　　）指对已有的数据在尽量少的先验假定下进行探索，并通过作图、制表、方程拟合、计算特征量等手段探索数据的结构和规律的一种数据分析方法。

A．预测性分析　　　　B．描述性分析　　　　C．探索性数据分析　　　D．诊断性分析

5. （　　）指对于数据局部不良行为的非敏感性，它是探索性数据分析追求的主要目标之一。

A．鲁棒性　　　　　　B．稳定性　　　　　　C．可靠性　　　　　　D．耐抗性

6. 残差指（　　）。

A．观察值与均值之差　　　　　　　　　　B．实际观察值与估计值之差

C．最大值和最小值之差　　　　　　　　　D．预测值和实际值之差

7. 在探索性数据分析中，通常用（　　）描述数据分布是否为对称。

A．正态分布　　　　　B．T 分布　　　　　　C．偏态　　　　　　　D．峰态

8. （　　）的主要目的是提高数据质量，使数据形态更加符合某一算法需求，进而提高数据计算的效率并降低其复杂度。

A．数据加工　　　　　B．数据分析　　　　　C．数据挖掘　　　　　D．数据处理

9. 缺失数据的处理主要涉及的关键活动包括（　　）。

A．缺失数据的识别　　　　　　　　　　　B．缺失数据的分析

C．删除或插补缺失数据　　　　　　　　　D．缺失数据的处理

10．噪声数据的主要表现形式有（　　　）。

A．错误数据　　　　　　B．虚假数据　　　　　C．异常数据　　　　　D．缺失数据

11．数据脱敏操作必须满足（　　　）。

A．单向性　　　　　　B．无残留　　　　　C．易于实现　　　　　D．不对称加密

12．常用的数据规约方法有（　　　）。

A．目标向量规约　　　　　　　　　　　B．特征矩阵规约

C．维规约　　　　　　　　　　　　　　D．值规约

13．预定义审计中可以依据的数据或方法有（　　　）。

A．数据字典

B．用户自定义的完整性约束条件，如字段"年龄"的取值范围为 20～40

C．数据的自描述性信息，如数字指纹（数字摘要）、校验码、XML Schema 定义

D．属性的定义域与值域

14．一个好的 Hash 函数应具备以下几个特征（　　　）。

A．容易计算　　　　　　B．便于加密　　　　　C．单向性　　　　　D．抗碰撞性

二、调研与分析题

1．结合自己的专业领域，调研该领域的数据预处理方法、技术与工具。

2．调查研究典型的 2～3 个数据预处理工具（产品），并探讨其关键技术和主要特征。

3．调查分析关系数据库中常用的数据预处理方法。

4．调查一项具体的数据科学项目，分析其数据预处理活动，并讨论预处理活动与数据计算活动之间的联系。

第 **6** 章　　大数据技术

 本章学习提示及要求

了解：

- 数据科学中常用的大数据技术类型及其内在联系。
- Hadoop 生态系统的组成部分及发展现状。
- Spark 生态系统的组成部分及发展现状。

理解：

- 大数据计算技术及其特征。
- 大数据管理技术及其特征。
- 大数据分析技术及其特征。
- 大数据分析中的陷阱及其应对方法。

掌握：

- Gartner 分析学价值扶梯模型的内涵。
- Lambda 架构的原理。
- CAP 理论与 BASE 原则的内涵。
- NoSQL 数据模型的区别与联系。
- 分片技术与复制技术的原理。
- Analytics3.0 的特征。

熟练掌握：

- Spark 技术的原理及 Python 编程。
- MongoDB 技术的原理及 Python 编程。
- Spark+MongoDB+Python+MLib 的综合应用。

大数据技术

6.1　数据科学与大数据技术

大数据技术是数据科学理论的具体实现，也是大数据的工具和核心技术。数据科学涉及的大数据技术主要有数据计算、数据管理和数据分析，如图 6-1 所示。

（1）数据计算技术主要解决的是大数据的分布式、并行、可扩展性计算的问题，比较有代表性的技术有 Google 的 MapReduce 及其开源实现——Hadoop MapReduce。

（2）数据管理技术主要解决的是大数据的分布式、可扩展性的管理问题，比较有代表性的技术有 Google 的 BigTable 及其开源实现——Hadoop HBase。

（3）数据分析技术主要解决的是如何应用大数据技术解决大数据分析问题，比较有代表性的技术有 Python、R 等语言及其第三方工具包。

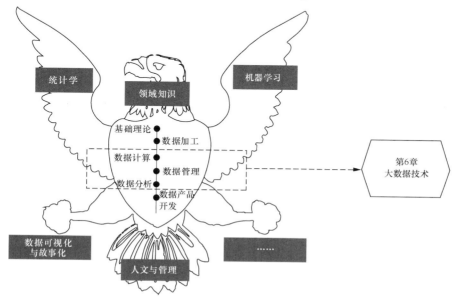

图 6-1　数据科学与大数据技术

除了上述技术之外，大数据技术还涉及大数据采集、存储、数据加密、数据集成、数据传输等其他多种技术。考虑到篇幅所限及与数据科学的密切关联，本章主要介绍数据计算、数据管理和数据分析三种技术。

6.2　Hadoop 生态系统

Apache 的 Hadoop 项目提供了面向可靠、可扩展和分布式计算的一整套开源系统库——Apache Hadoop 软件库，并逐步发展成 Hadoop 生态系统。图 6-2 为 Apache Hadoop 生态系统，其核心是 HDFS 和 Hadoop MapReduce，分别代表 Hadoop 分布式文件系统和分布式计算系统。

1. Hadoop MapReduce

Hadoop MapReduce 是 Google MapReduce 的开源实现。Google MapReduce 计算框架源自一种分布式计算模型，其输入和输出值均为<key, value>型"键-值对（Key-Value Pair）"，计算过程分为两个阶段——Map 阶段和 Reduce 阶段，并分别以两个函数 map()

和 reduce()进行抽象。MapReduce 程序员需要通过自定义 map()和 reduce()函数表达此计算过程。从 Hadoop 的开源实现角度看，Hadoop MapReduce 1.0 计算框架主要由 3 部分组成：编程模型、数据处理引擎，以及运行时环境。

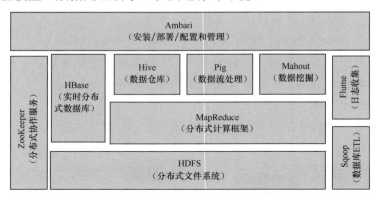

图 6-2　Apache Hadoop 生态系统

（1）编程模型是将问题抽象成 Map 和 Reduce 两个阶段，其中 Map 阶段将输入数据解析成 key/value，迭代调用 map()函数处理后，再以 key/value 的形式输出到本地目录，而 Reduce 阶段则将 key 相同的 value 进行规约处理，并将最终结果写到 HDFS。

（2）数据处理引擎由 MapTask 和 ReduceTask 组成，分别负责 Map 阶段逻辑和 Reduce 阶段逻辑的处理。

（3）运行时环境由（一个）JobTracker 和（若干个）TaskTracker 两类服务组成。其中，JobTracker 负责资源管理和所有作业的控制，而 TaskTracker 负责接收来自 JobTracker 的命令并执行它。Hadoop MapReduce 2.0 具有与 Hadoop MapReduce1.0 相同的编程模型和数据处理引擎，其主要区别在于运行时环境，如图 6-3 所示。Hadoop MapReduce 2.0 是一种运行在资源管理框架——YARN 之上的 MapReduce 计算框架，其运行时环境不再由 JobTracker 和 TaskTracker 等服务组成，而是由通用资源管理系统 YARN 和作业控制进程 ApplicationMaster 组成。其中，YARN 负责资源管理和调度，而 ApplicationMaster 仅负责一个作业的管理。

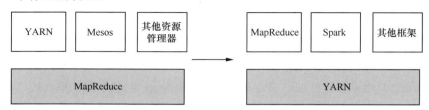

图 6-3　以 MapReduce 为核心和以 YARN 为核心的软件栈对比

2．HDFS

Hadoop 分布式文件系统（Hadoop Distributed File System，HDFS）是 Hadoop 生态系统中数据存储的基础。早期的 HDFS 是按照 Google 文件系统（Google File System，GFS）的思想设计的，因此 HDFS 通常被认为是 GFS 的开源版本。但是，二者并不是完全相同的，如 HDFS 不支持 GFS 的快照（Snapshot）、记录追加操作，以及惰性垃圾回收策略等。

3．HBase

HBase（Hadoop Database）是一种支持 MapReduce 处理的，面向结构化数据的可伸缩、高可靠、高性能、分布式和面向列的动态模式数据库。与传统关系数据库不同的是，HBase 采用 Google BigTable 数据模型。HBase 较好地支持大规模数据的随机、实时读写操作。HBase 在 Hadoop 的基础上提供了类似于 Big Table 的数据管理功能。与传统关系数据库不同的是，HBase 是非结构化的、多版本的、面向列的、开源的数据库。

4．Hive

Hive 是基于 Hadoop 的一个数据仓库工具，可以将结构化的数据文件映射为一张数据库表，并提供简单的 HiveQL 查询功能，并将 HiveQL 语句转换为 MapReduce 任务运行。最初，Hive 是由 Facebook 开源，主要用于解决海量结构化日志数据的统计问题。Hive 的主要特色在于定义了一种类似 SQL 的查询语言（HiveQL，HQL），并支持将 HQL 转化成 MapReduce 任务，以便在 Hadoop 上执行。Hive 的主要应用场景是离线分析。Hive 的优点是学习成本低，可以通过类似于 SQL 的语句快速实现简单的 MapReduce 统计，不需要专门的 MapReduce 应用，可以较好地满足基于数据仓库的统计分析需要。

5．Pig

Pig 建立在 MapReduce 之上，主要目的是弥补 MapReduce 编程的复杂性——程序员不仅需要关注数据，还需要关注 MapReduce 的执行过程，如编写 Mapper 和 Reducer、编译盒打包代码、提交作业和结果检索等。Pig 较好地封装了 MapReduce 的处理过程，使程序员更加关注数据，而不是程序的执行过程。Pig 的核心是一种数据分析语言，主要包含两个部分：一是 Pig Latin 语言，即数据分析的描述语言；二是 Pig 执行环境，即 Pig Latin 的执行环境，如单个 JVM 本地执行环境和 Hadoop 集群上的分布式执行环境。

6．Mahout

Mahout 的主要目标是提供可扩展的机器学习算法及其实现，旨在帮助开发人员更加方便快捷地创建智能应用程序。目前，Mahout 支持聚类、分类、贝叶斯、k-means 聚类和遗传算法等常用的机器学习或数据挖掘算法。除了算法，Mahout 还包含数据的导入、导出工具，与其他存储系统（如数据库、MongoDB 或 Cassandra）集成等支撑性框架。

7．ZooKeeper

ZooKeeper 主要解决的是分布式环境下的协作服务问题，包括命名服务、状态同步、集群管理、配置同步、分布式锁、队列管理等。ZooKeeper 允许分布式进程可通过共享的、与标准文件系统类似的分层命名空间相互协调。ZooKeeper 在内存中保存数据，可以确保高吞吐量和低延迟。

8．Flume

Flume 主要解决的是日志类数据的收集和处理问题。Flume 最早是 Cloudera 公司提供的日志收集系统，目前已成为 Apache 旗下的一个孵化项目，Flume 支持在日志系统中定制其数据发送方，用于收集日志数据。

9．Sqoop

Sqoop 是 SQL-to-Hadoop 的缩写，其主要设计目的是在 Hadoop（如 Hive 等）与传统的数据库（如 MySQL、PostgreSQL 等）之间进行数据的 ETL 操作。因此，Sqoop 可以将一个关系型数据库（如 Oracle、PostgreSQL 等）中的数据导入 HDFS，也可以将 HDFS 的数据导入关系型数据库。Sqoop 数据的导入和导出的特点在于通过 Hadoop MapReduce 完成数据的导入和导出工作，具备 MapReduce 的并行化和容错性。

6.3　大数据计算技术与 Spark

随着大数据时代的到来及计算技术的不断发展，人们针对不同的需求提出了多种计算框架（如 MapReduce、Tez、Spark、Storm 和 Druid 等，如表 6-1 所示），而这些不同计算框架进一步呈现出了相互集成的发展趋势。其中，Spark 是应用最为广泛的计算框架之一。

表 6-1　　　　　　　　　　　　　　　几种常用的计算框架

计算框架	提出者	特点
MapReduce	Google	一种以主从结构形式运行的分布式计算框架，是大数据时代的基本计算框架之一
Tez	Apache	一种构建在 Apache Hadoop YARN 基础上的有向无环图（Directed Acyclic Graph，DAG）计算框架，可以拆分、组合 Map 和 Reduce 过程，进而减少 Map、Reduce 之间的文件存储和运行时间
Spark	UC Berkeley	一种大规模数据处理的通用引擎，不仅可以实现 MapReduce 的功能，而且运行速度更快、使用更为方便。目前，Spark 支持 Spark SQL 查询、流式处理、机器学习和复杂分析
Storm	Twitter	一种以大数据流的实时处理为目的的开源框架，可以实时处理 Hadoop 的批量任务
Druid	Metamarkets 等	一种主要为商务智能和 OLAP 设计的面向列的分布式数据存储系统，可支持实时查询与分析海量数据

6.3.1　大数据计算与 Lambda 架构

在大数据处理系统中，尤其是早期的大数据技术和产品中，可靠性和实时性是一对比较矛盾的特性。例如，Hadoop MapReduce 的可靠性强，但实时性差，而 Storm 相反。为此，Storm 创始人内森·马兹（Nathan Marz）结合自己在 Twitter 和 BackType 从事大数据处理的工作经验，提出了一种大数据系统参考架构——Lambda 架构。

Lambda 架构的主要特点是兼顾了大数据处理系统中的可靠性和实时性，能较好地支持大数据计算的一些关键特征，如高容错、低延迟、可扩展等。该架构通过整合离线计算与实时计算技术，将不可变性、读写分离和复杂性隔离等思想引入自己的架构设计之中，为 Hadoop MapReduce、Storm、Spark 和 Cloudera Impala 等大数据技术的集成应用及新产品开发提供了理论依据。

从组成部分看，Lambda 架构可分解为三个层（或模块），分别为批处理层（Batch

Layer），加速层/实时处理层（Speed /Real-Time Layer）和服务层（Serving Layer），如图 6-4 所示。

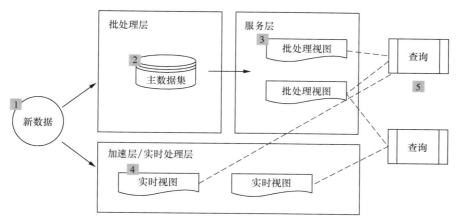

图 6-4 Lambda 架构的主要组成部分

（1）批处理层（Batch Layer）负责数据处理中的可靠性，主要针对的是离线处理需求，通过存储全部数据集和预先计算查询函数，构建用户查询所对应的批处理视图（Batch View）。但是，批处理层不善于实时查询处理，实时查询处理任务需要由加速层完成。批处理层可以采用批处理技术，如 Hadoop MapReduce 等实现。

（2）加速层/实时处理层（Speed/Real-Time Layer）负责数据处理中的实时性，主要针对的是实时处理需求。与批处理层不同的是，加速层中处理的并不是全体数据集，而是最近的增量数据流。为了确保数据处理的速度，加速层在接收新数据后会不断更新实时视图（Real-Time View）。加速层可以采用流处理技术，如 Storm 等实现。

（3）服务层（Serving Layer）主要负责将加速层的输出数据合并至批处理层的输出数据中，从而得到一份完整的输出数据，并保存至 NoSQL 数据库中，并为在线查询类应用提供服务。服务层可以采用查询处理技术，如 Cloudera Impala 等实现。

从处理流程视角看，Lambda 架构的基本流程如下。①进入系统的所有数据都被分派到批处理层和加速层进行处理。其中，批处理层具有两个功能：一是管理主数据集（不可变的、仅附加的原始数据集）；二是预先计算批处理视图。②服务层为批处理视图编制索引，以便以低延迟、临时方式查询它们。③加速层弥补了服务层更新的高延迟，并且仅处理最新数据。④可以通过合并批处理视图和实时视图的结果来回答任何查询请求。

6.3.2 Spark 的出现及其特点

在 Hadoop 生态系统中，MapReduce 是一种典型的大数据计算技术，其主要局限有两个：一是在 MapReduce 中直接编程的难度较大；二是不善于处理除批处理计算模式之外的其他计算模式，如流计算、交互式计算、图计算等。针对 Hadoop MapReduce

的上述两个缺陷，人们提出了两种新思路：一种是采取了面向特定任务的专用系统，如 Storm、Impala、Giraph 等；另一种是提出了一种融合式通用系统，如 Spark。Spark 是一个快速、通用、易于使用的计算平台。相对于 Hadoop MapReduce，Spark 有以下特点。

1．速度快

与 Hadoop MapReduce 的磁盘计算不同的是，Spark 采用的是内存计算模式，并采用"使计算靠近数据"的方式降低了磁盘读写 I/O 及网络传输带宽的成本，达到了快速计算的目的。通常，Spark 性能可以达到 Hadoop 的 10 倍以上。

2．通用性

Hadoop MapReduce 主要用于批处理。与 Hadoop 不同的是，Spark 更为通用一些，可以很好地支持流计算、交互式计算、图计算等多种计算模式。

3．易用性

Spark 的易用性主要体现在以下 4 个方面。

（1）与 Hadoop 无缝衔接。只关注计算层的问题，资源管理交由 Mesos、YARN 处理，可以访问存储在 HDFS、HBase、Cassandra、Amazon S3、本地文件系统上的数据。Spark 支持文本文件、序列文件，以及任何 Hadoop 的 InputFormat。

（2）提供丰富的操作。Hadoop 只提供了 map()和 reduce()等少数操作函数。但是，Spark 提供了 map()、filter()、union()、join()、groupByKey()、cartesian()、collect()，以及 count()等 20 余种操作函数。

（3）提供 4 种应用库。为处理结构化数据而设计的 Spark SQL 模块；用于创建可扩展和容错性的流式应用的 Spark Streaming；可扩展机器学习库——MLlib；Spark 的并行图计算库——GraphX。

（4）支持多种编程语言。Spark 提供 Java、Python 和 Scala 的 Shell，方便了编程工作。

Spark 的技术架构，如图 6-5 所示，可以分为 3 个层：资源管理层、Spark 核心层和服务层。其中，Spark 核心层主要关注的是计算问题，其底层的资源管理工作一般由 Standalone 和 YARN、Mesos 等资源管理器完成。

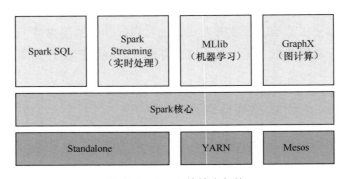

图 6-5　Spark 的技术架构

（1）**资源管理层**。主要提供资源管理功能，涉及 Standa lone 和 YARN、Mesos 等集群资源管理器。资源层主要涉及两种角色——集群管理器（Cluster Manager）和工作节点（Worker Node）。Spark 用户的应用程序在一个工作节点上只有一个执行器（Executor），执行器内部通过多线程的方式并发处理应用的任务。

（2）**Spark 核心层**。主要提供内存计算框架。

（3）**服务层**。主要提供面向特定类型的计算服务，如 SQL 查询（Spark SQL）、实时处理（Spark Streaming）、机器学习（MLlib），以及图计算（GraphX）。

6.3.3　Spark 的计算流程

图 6-6 给出了 Spark 的基本流程，主要涉及驱动程序（Driver Program）、Spark Context、集群管理器、工作节点、执行器和缓存等角色，主要活动及顺序如下。

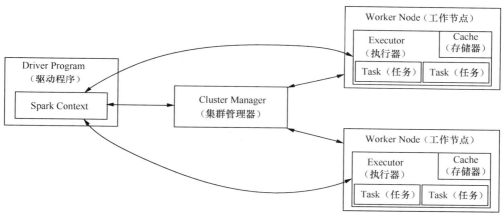

图 6-6　Spark 的基本流程

（1）建立一个 Driver Program（驱动程序）。采用 SparkContext 创建一个 Driver Program（驱动程序）。Driver Program（驱动程序）的本质是运行 main()函数并且创建 Spark Context 的程序。

（2）用户向 Driver Program（驱动程序）提交自己的作业（Job）。

（3）驱动程序采用基于 DAG 的执行引擎，根据 DAG 中 RDD 之间的依赖关系将用户提交的作业转换为阶段（Stages），并进一步划分为更小粒度的任务（Tasks）。

（4）驱动程序向集群管理器申请运行 Tasks 需要的资源。

（5）集群管理器为 Tasks 分配满足要求的工作节点（Worker Node），并在工作节点上创建执行器（Executor）。

（6）已创建的执行器向驱动程序注册自己的信息。

（7）驱动程序将 Spark 应用程序的代码和文件传送给对应的执行器。

（8）执行器运行 Tasks，运行完之后将结果返回给驱动程序或者写入 HDFS 或其他介质。

6.3.4　Spark 的关键技术

Spark 的关键技术，包括弹性分布式数据集（Resilient Distributed Datasets，RDD）、调度器（Scheduler）、存储（Storage）、混洗（Shuffle）。其中 RDD 是 Spark 的抽象数据模型；Scheduler 是 Spark 的调度机制，分为 DAGScheduler 和 TaskScheduler；Storage 模块主要管理已缓存 RDD、Shuffle 中间结果数据和广播数据；Shuffle 分为 Hash 方式和 Sort 方式。

1．RDD

在 Spark 中引入 RDD 概念的目的是实现 Spark 的并行操作和灵活的容错能力。因此，RDD 是一个容错的、并行的数据结构，可以使用户显式地将数据存储到磁盘和内存中，并控制数据的分区。每个 RDD 有以下 5 个主要属性：

（1）**一组分片（Partition）**，数据集的最基本组成单位；

（2）**一个计算每个分片的函数**，对于给定的数据集，需要做哪些计算；

（3）**依赖（Dependencies）**，RDD 的依赖关系，描述了 RDD 之间的世系（lineage）；

（4）**位置偏好（Preferred Locations）**，每一个分片的优先计算位置；

（5）**分割器（Partitioner）**，指定计算出来的数据结果如何分发。

RDD 拥有的操作比 MapReduce 丰富得多，不仅包括 Map 与 Reduce 操作，还包括 filter、sort、join、save、count 等操作，所以 Spark 能够比 MapReduce 更轻松地完成更复杂的任务。

Spark 针对 RDD 提供了多种基础操作，可以大致分为两种。

（1）**转换（Transformation）**。代表的是基于现有的数据集创建一个新的数据集，即数据集中的内容会发生更改，常用转换函数如表 6-2 所示。

表 6-2　　　　　　　　　　　　　　　RDD 常用的转换函数

序号	函数名	主要功能
1	map(func)	返回一个新的分布式数据集，由每个元素经过 func()函数转换后组成
2	filter(func)	返回一个新的数据集，由经过 func()函数转换后返回值为 true 的元素组成
3	flatMap(func)	类似于 map()，但是每一个输入元素会被映射为 0 或其他多个输出元素（因此，func()函数的返回值是一个 Seq，而不是单一元素）
4	sample(withReplacement, frac, seed)	根据给定的随机种子 seed，随机抽样出数量为 frac 的数据
5	union(otherDataset)	返回一个新的数据集，由原数据集和参数联合而成
6	groupByKey ([numTasks])	在一个由（K, V）对组成的数据集上调用，返回一个（K, Seq[V]）对的数据集。注意：默认情况下，使用 8 个并行任务进行分组，用户可以传入 numTasks 可选参数，根据数据量设置不同数目的 Task
7	reduceByKey(func, [numTasks])	在一个（K, V）对的数据集上使用，返回一个（K, V）对的数据集，key 相同的值都被使用指定的 reduce()函数聚合到一起。与 groupByKey 类似，任务的个数可以通过第二个可选参数来配置

续表

序号	函数名	主要功能
8	join(otherDataset, [numTasks])	在类型为(K, V)和(K, W)的数据集上调用，返回一个(K, (V, W))对，每个 key 中的所有元素都在一起的数据集
9	groupWith(otherDataset, [numTasks])	在类型为(K, V)和(K, W)的数据集上调用，返回一个数据集，组成元素为(K, Seq[V], Seq[W])元组。该操作在其他框架中称为 CoGroup
10	cartesian(otherDataset)	笛卡儿积。但在数据集 T 和 U 上调用时，返回一个(T, U)对的数据集，所有元素交叉执行笛卡儿积

（2）行动（Action）。在数据集上运行计算后，将返回给驱动程序，常用行动函数如表 6-3 所示。

表 6-3　RDD 常用的行动函数

序号	函数名	主要功能
1	reduce(func)	通过 func()函数聚集数据集中的所有元素。func()函数接受 2 个参数，返回 1 个值。该函数必须是关联性的，确保可以被正确地并发执行
2	collect()	在 Driver 程序中，以数组的形式返回数据集的所有元素。这通常会在使用 filter 或者其他操作后，返回一个足够小的数据子集后再使用，直接将整个 RDD 集 Collect 返回，可能会造成内存溢出
3	count()	返回数据集的元素个数
4	take(n)	返回一个数组，由数据集的前 n 个元素组成。注意，该操作目前并不是在多个节点上并行执行，而是在 Driver 程序所在的机器上执行，单机计算所有的元素（Gateway 的内存压力会增大，需要谨慎使用）
5	first()	返回数据集的第一个元素，类似于 take(1)
6	saveAsTextFile(path)	将数据集中的元素以 textFile 的形式保存到本地文件系统、HDFS 或者任何其他 Hadoop 支持的文件系统中。Spark 将会调用每个元素的 toString 方法，并将它转换为文件中的一行文本
7	SaveAsSequenceFile (path)	将数据集的元素以 sequenceFile 的格式保存到指定的目录下的本地文件系统。HDFS 或者任何其他 Hadoop 支持的文件系统中。RDD 的元素必须由 key-value 对组成，并且都实现了 Hadoop 的 Writable 接口，或隐式可以转换为 Writable（Spark 包括了基本类型的转换，例如 Int、Double、String 等）
8	foreach(func)	在数据集的每一个元素上运行 func()函数。这通常用于更新一个累加器变量，或者与外部存储系统做交互

需要注意的是，为了提高系统性能，Spark 的所有转换操作采取的是"惰性计算模式"——在执行转换操作时并不会提交它，只有在执行行动操作时，所有操作才会被提交到集群中开始执行。

Spark 中的另一个关键问题是如何选择 RDD 序列化时机。通常，只有在以下几种情况下，可以考虑对其进行序列化处理：一是在完成成本比较高的操作之后；二是在执行容易失败的操作之前；三是当 RDD 被重复使用或者计算其代价很高时。

RDD 被序列化后，Spark 将会在集群中保存相关元数据，下次查询该 RDD 时将能更快速地访问，不需要计算。然而，如果 RDD 序列化过多，不仅会浪费内存（或硬盘）空间，而且会降低系统整体性能。RDD 根据 useDisk、useMemory、deserialized、off_heap、replication 5 个参数的不同组合方式提供了多种存储级别，如表 6-4 所示。

表 6-4　　　　　　　　　　　　　　　　　RDD 的存储级别

序号	存储级别	描述
1	MEMORY_ONLY（默认级别）	将 RDD 以 Java 对象的形式保存到 JVM 内存中。如果分片太大，内存空间不够则不保存
2	MEMORY_ONLY_SER	将 RDD 以序列化的 Java 对象形式保存到内存中
3	DISK_ONLY	将 RDD 持久化到硬盘
4	MEMORY_AND_DISK	将 RDD 数据集以 Java 对象的形式保存到 JVM 内存中，如果有些分片太大不能保存到内存中，则保存到磁盘上，并在下次使用时重新从磁盘读取
5	MEMORY_AND_DISK_SER	与 MEMORY_ONLY_SER 类似，但当分片太大不能保存到内存中时，会将其保存到磁盘中
6	XXX_2	5 种级别后缀添加 2 代表两个副本
7	OFF_HEAP	RDD 实际被保存到 Tachyon[①]中

在 Spark 中 RDD 之间的依赖关系用世系（Lineage）表示。为了方便 RDD 的执行流程和故障恢复的分类实现，RDD 之间的依赖关系可以分为窄依赖（Narrow Dependencies）和宽依赖（Wide Dependencies）两种。

（1）窄依赖指父 RDD 的每个分区都只被子 RDD 的一个分区所依赖。

（2）宽依赖指父 RDD 的分区被多个子 RDD 的分区所依赖。

从 RDD 操作看，不同的操作依据其特性，可能会产生不同的依赖。

2．调度机制

Spark 中的调度器（Scheduler）充分体现了 Spark 与 MapReduce 的不同之处——采用了基于 DAG 的执行引擎。调度器模块分为两个部分：DAG 调度器（DAGScheduler）和任务调度器（TaskScheduler）。

（1）DAGScheduler 负责创建执行计划。Spark 会尽可能地管道化，并基于是否要重新组织数据（如执行混洗或从外存中读取数据）来划分 Stages，并产生一个 DAG 作为逻辑执行计划。

（2）TaskScheduler 负责分配任务并调度 Worker 的运行。TaskScheduler 将各阶段划分成不同的 Task，每个 Task 由数据和计算两部分组成。

从整体上看，Spark 的调度机制可以分为三部分。

（1）创建 RDD 对象。

---

① 一种基于内存的分布式文件系统。

（2）DAGScheduler 创建执行计划。

（3）TaskScheduler 分配任务并调度 Worker 的运行，如图 6-7 所示。

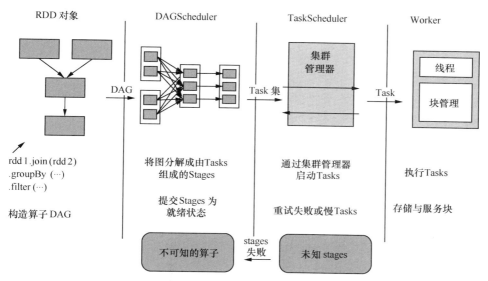

图 6-7　Spark 调度机制

3．存储模块

Spark 的存储模块提供了统一的操作类 BlockManager，外部类与存储模块之间的交互都需要通过调用 BlockManager 相应接口来实现。存储模块存取的最小单位是数据块（Block），数据块与 RDD 中的分片一一对应。因此，Spark 转换或动作操作最终都是对数据块进行操作。

4．Spark Shuffle

在 Spark Shuffle（混洗）中，Map 任务产生的结果会根据所设置的 partitioner 算法填充到当前执行任务所在机器的每个桶中。Reduce 任务启动时，会根据任务的 ID、所依赖的 Map 任务 ID，以及 MapStatus 从远端或本地的 BlockManager 获取相应的数据作为输入进行处理。

在 Spark 中，不同阶段一般由混洗来划分。由于混洗会产生数据移动并且影响阶段的划分，Spark 编程中需要特别关注混洗操作。Spark 中导致混洗的操作有很多种，如 aggregate ByKey()、reduceByKey()、groupByKey() 等都会导致 RDD 的重排及移动。

虽然近几年来 Spark 技术发展迅速且应用越来越广泛，但也不意味着它即将完全替代 Hadoop MapReduce。主要原因有 3 个。

（1）Spark 是基于内存的迭代计算框架，适用于特定数据集的频繁操作类的应用场景，不适用于异步细粒度更新状态的应用。

（2）Hadoop 提供的是一整套大数据解决方案——Hadoop 生态系统，不仅是 Spark 所解决的计算问题。

（3）Hadoop 本身也在不断优化与更新中。例如，YARN 的引入代表了 Hadoop 从以批处理为主的专用计算模式转向包括流计算、交互计算和图计算等多种计算通用的计算模式的战略变化。

6.4 大数据管理技术与 MongoDB

大数据管理技术可以分为传统数据管理技术和新兴大数据管理技术，如图 6-8 所示。其中，传统数据管理技术主要包括数据库系统、数据仓库和文件系统，而新兴大数据管理技术包括 NoSQL 系统和关系云。

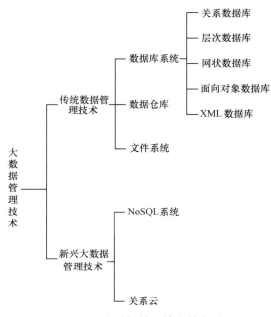

图 6-8 大数据管理技术的类型

1．传统数据管理技术

在大数据时代到来之前，已经广泛使用的数据管理技术，主要包括数据库系统、数据仓库和文件系统。根据数据组织形式及管理对象的不同，数据库系统可以进一步分为关系数据库、层次数据库、网状数据库、面向对象数据库和 XML 数据库等。其中，关系数据库是目前应用最为广泛的数据管理技术之一。

2．新兴数据管理技术

新兴数据管理技术是针对大数据时代数据管理新需求研发的，一种区别于传统数据管理，尤其是关系数据库系统的新兴技术，包括 NoSQL 系统和关系云。NoSQL 是关系数据库系统的重要补充，而关系云代表关系数据库系统向云端迁移。

6.4.1 关系数据库及其优缺点

关系数据库指建立在关系数据库模型基础上的数据库。关系数据库是传统数据管理技术的主要代表。关系数据库系统是传统数据管理中应用最为广泛，且实现技术最为成熟的数据管理技术之一。

1．关系数据库的核心技术

目前，关系数据库技术趋于成熟，其核心技术主要体现在以下几个方面。

（1）事务（Transaction）处理能力。为了保证数据一致性，关系数据库中引入"事务"的概念。在关系数据库中，事务是数据库管理系统运行的基本工作单位。事务也是用户定义的一个数据库操作序列，这些操作序列要么全部执行，要么全部不执行，是一种不可分割的工作单位。在关系数据库中，通常将一个事务表示为以 BEGIN TRANSACTION 开始，并以 COMMIT 或 ROLLBACK 结束的一条 SQL 语句、一组 SQL 语句或整个程序。事务的本质是一种机制，其目的是保证数据的一致性。为此，关系数据库中的事务需要具备一定的规则——ACID 特征。ACID 指数据库事务正确执行的 4 个基本要素的缩写：原子性（Atomicity）、一致性（Consistency）、隔离性（Isolation）、持久性（Durability）。

（2）两段封锁（Two-Phase Locking，2PL）协议。为了支持并发环境下的事务特征，关系数据库系统中引入了两段封锁协议。两段封锁协议指"事务"的执行必须分两个阶段，即数据对象加锁阶段和解锁阶段。

①加锁阶段：在该阶段可以执行加锁操作。在对任何数据进行读操作之前要申请并获得共享锁（S 锁），而在进行写操作之前要申请并获得排他锁（X 锁）。如果加锁不成功，则事务进入等待状态，直到加锁成功才继续执行。

②解锁阶段：当事务释放了一个封锁以后，事务进入解锁阶段，在该阶段只能进行解锁操作，不能再进行加锁操作。

（3）两段提交（Two-Phase Commitment，2PC）协议。为了支持分布环境下的事务特征，关系数据库系统中引入两段提交协议。也就是说，实现分布式事务的关键是两段提交协议（2PC 协议）。在 2PC 协议中，把分布式事务的某一个代理（根代理）指定为协调者（Coodinator），所有其他代理称为参与者（Participants）。只有协调者才能掌握提交或撤销事务的决定权，而其他参与者各自负责在其本地数据库中执行写操作，并向协调者提出撤销或提交子事务的意向。

①表决阶段：应用程序调用事务协调者中的提交方法。事务协调者将联络事务中涉及的每个参与者，并通知它们准备提交事务。为了以肯定的方式响应准备阶段，参与者必须将自己置于以下状态：确保能在被要求提交事务时提交事务，或在被要求回滚事务时回滚事务。大多数参与者会将包含其计划更改的日志文件（或等效文件）写入持久存储区。如果参与者无法准备事务，它会以否定响应来回应事务协调者。事务协调者收集来自参与者的所有响应。

②执行阶段：事务协调者将事务的表决结果通知给每个参与者。如果任一参与者做出否定响应，则事务协调者会将一个回滚命令发送给事务中涉及的参与者。如果参与者都做出肯定响应，则事务协调者会指示所有的参与者提交事务。一旦通知参与者

提交，此后的事务就不能失败。通过以肯定的方式响应第一阶段，每个参与者均已确保如果以后通知它提交事务，则事务不会失败。

（4）坚实的理论基础。关系数据库是建立在严格的理论基础上的，主要包括关系代数、Armstrong 公理系统、完整性约束理论、规范化理论、模式分解，以及图论等。因此，关系数据库的完整性、可靠性和稳定性往往高于其他新兴大数据管理技术。

（5）标准化程度高。关系数据库中，一般采用 SQL 进行数据库的查询、增加、更新、删除和索引操作，数据操作语言的标准化程度高。

（6）产品的成熟度高。随着关系数据库技术的广泛应用和深入研究，已产生了一些成熟度较高的数据库系统产品，如 Oracle 公司的 Oracle、IBM 公司的 DB2、Sybase 公司的 Sybase、微软公司的 SQL Server、MySQL AB 公司开发的 MySQL[①]。

2．关系数据库的优缺点

在大数据时代，传统关系数据库的优势与缺点日益凸显，如图 6-9 所示，使 NoSQL 数据库和关系云等新兴大数据管理技术成为必要。

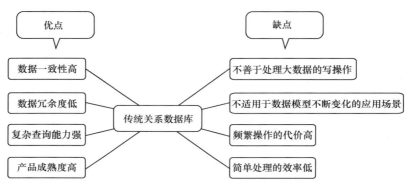

图 6-9　传统关系数据库的优点与缺点

（1）传统关系数据库技术的优点如下。

① **数据一致性高**。由于关系数据库具有较为严格的事务处理要求，它能够保持较高的数据一致性。

② **数据冗余度低**。关系数据库是以规范化理论为前提的，通常，相同字段只能保存在一个位置，数据冗余性较低，数据更新的开销较小。

③ **复杂查询的能力强**。关系数据库中可以进行 JOIN 等复杂查询。

④ **产品成熟度高**。关系数据库技术及其产品已经较为成熟，稳定性高、系统缺陷少。

（2）传统关系数据库技术的主要缺点如下。

① **不善于处理大数据的读写操作**。在关系数据库中，为了提高读写效率，一般采用主从模式，即数据的写入由主数据库负责，而数据的读取由从数据库负责。主数据

---

① Sun Microsystems 于 2008 年以大约 1 亿美元的价格收购了 MySQL AB，而 Oracle 于 2010 年以大约 74 亿美元的价格收购了 Sun Microsystems。因此，目前 MySQL 是 Oracle 旗下的产品。

库上的写入操作往往成为瓶颈。

② **不适用于数据模型不断变化的应用场景**。在关系数据库及其应用系统中，数据模型和应用程序之间的耦合度高。当数据模型发生变化（如新增或减少一个字段等）时，需要对应用程序代码进行修改。

③ **频繁操作的代价大**。为了确保关系数据库的事务处理和数据一致性，对关系数据库进行修改操作时往往需要采用共享锁（又称读锁）和排他锁（又称读/写锁）的方式放弃多个进程同时对同一个数据进行更新操作。

④ **简单处理的效率较低**。在关系数据库中，SQL 编写的查询语句需要完成解析处理才能进行。因此，当数据操作非常简单时，也需要进行解析、加锁、解锁等操作，导致关系数据库对数据的简单处理效率较低。

6.4.2 NoSQL 及其数据模型

NoSQL 指那些非关系型的、分布式的、不保证遵循 ACID 特征的数据存储系统。相对于关系数据库，NoSQL 数据库的主要优势体现在以下几个方面。

（1）**易于数据的分散存储与处理**。NoSQL 数据库以放弃一部分复杂处理能力（如 JOIN 处理）的方式，支持将数据分散存放在不同服务器上，解决了关系数据库在大量数据的写入操作上的瓶颈。在关系数据库中，为了对数据进行 JOIN 处理，需要把涉及 JOIN 处理的数据事先存放在同一个服务器上。

（2）**数据的频繁操作代价低以及数据的简单处理效率高**。NoSQL 数据库通过采用缓存技术较好地支持同一个数据的频繁处理，提高了数据简单处理的效率。

（3）**适用于数据模型不断变化的应用场景**。需要注意的是，**提出 NoSQL 技术的目的并不是替代关系数据库技术，而是对其提供一种补充方案**。因此，二者之间不存在对立或替代关系，而是存在互补关系，如图 6-10 所示。如果需要处理关系数据库擅长的问题，则仍然优先选择关系数据库技术；如果需要处理关系数据库不擅长的问题，则可以不依赖于关系数据库技术，考虑更加适合的数据存储技术，如 NoSQL、NewSQL 等。

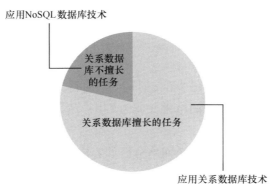

图 6-10 关系数据库与 NoSQL 数据库之间的关系

在关系数据库中，采用的数据模型是关系数据模型，其基本思想是将数据存放在多个关系（二维表）中，而关系表由多个元组（行）组成。关系数据库中对元组的限制是比较严格的。例如，不允许在元组中嵌套另一个元组、不允许存放列表等。但是，NoSQL 数据库改变了传统数据库中以元组和关系为单位进行数据建模的方法，开始支持数据对象的多样性和复杂性。例如，不仅支持数据对象的嵌套，而且支持存放列表数据等。NoSQL 数据库中采用的主要数据模型有 4 种：key-value、key-document、key-column 和图存储，如表 6-5 所示。

表 6-5　　　　　　　　　　　　NoSQL 中常用的数据模型

	key-value	key-document[①]	key-column	图存储
基本思路	key 与 value 之间采用某种方法（如哈希表）建立 Key-Value 映射	与 Key-Value 类似，其中 Value 指向结构化数据	以列为单位进行存储，将同一列数据存放在一起	
应用领域	对部分数据的访问负载处理	Web 应用	分布式文件系统	社交网络、推荐系统和关系图谱
优点	查找速度快	不需要预先定义结构	可扩展性高，容易进行分布式扩展	
缺点	数据无结构	查询性能不够，缺乏统一查询语法	功能相对有限	
实例		CouchDB、MongoDB	Big Table、HBase、Cassandra	Noe4j

6.4.3　CAP 理论与 BASE 原则

NoSQL 数据库中对数据的管理目的，尤其是对数据一致性保障问题的认识发生了变化，而这些变化以两个重要理论为依据——CAP 理论与 BASE 原则。

1. CAP 理论

CAP 理论的基本思想如下：一个分布式系统不能同时满足一致性（Consistency）、可用性（Availability）和分区容错性（Partition Tolerance）等特征，而最多只能同时满足其中的两个特征。CAP 理论告诉我们，数据管理不一定是理想的——一致性[②]、可用性和分区容错性中的任何两个特征的保证（争取）可能导致另一个特征的损失（放弃），如图 6-11 所示。

（1）一致性。主要指强一致性。

（2）可用性。每个操作总是在"给定时间"之内得到"所需要的结果"。如果给定时间之内无法得到结果或所反馈的结果并非为"用户所需要的结果"，那么系统的可用性无法保障。

（3）分区容错性。主要指对某个网络分区的容错能力和网络分区内节点的动态加

---

① 需要注意的是，Key-Document 数据库中的文档（Document）并不是特指人们通常所说的 Word、PPT、电子表格等"文档"，而是包含松散结构的"键-值对"的集合，通常使用 JSON、XML、YAML 等表示其松散结构。
② 尤其是强一致性。

入和退出能力。

图 6-11　CAP 理论

 知 识 链 接

CAP 理论的应用

大部分 NoSQL 数据库系统都会根据自己的设计目的进行相应的选择。

（1）Cassandra、Dynamo 争取 AP（放弃 C）。

（2）BigTable、MongoDB 争取 CP（放弃 A）。

（3）关系数据库，如 MySQL 和 PostgreSQL 争取 AC（放弃 P）。

2．BASE 原则

BASE 原则是基本可用（Basically Available）、柔性状态（Soft State)和最终一致（Eventually Consistent)的缩写。

（1）基本可用指可以容忍系统的短期不可用，并不追求全天候服务。

（2）柔性状态指不要求一直保持强一致状态。

（3）最终一致指最终数据一致，而不是严格的实时一致，系统在某一个时刻后达到一致性要求即可。

可见，BASE 原则可理解为 CAP 理论的特例。目前，多数 NoSQL 数据库是针对特定应用场景研发出来的，其设计遵循 BASE 原则，更加强调读写效率、数据容量，以及系统可扩展性。

6.4.4　分片技术与复制技术

为了实现负载均衡、提高服务器端的数据处理能力（横向扩展）、提高故障恢复能力，以及保证服务质量等目的，NoSQL 数据库采取"数据分布技术"。在 NoSQL 中，分片（Sharding）与复制（Replication）是数据分布的两种技术。其中，"复制"机制又可以分为"主从复制"和"对等复制"两种，如图 6-12 所示。

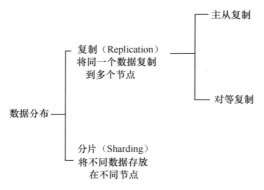

图 6-12　NoSQL 数据分布的两种技术

1．分片

分片指将不同数据存放在不同节点[①]。通常，不同用户（群）访问同一个数据库的不同部分，也就是说数据库中的不同内容往往被不同用户访问。为此，我们可以采用分片技术——根据数据的被访问规律，将不同部分分别存放在不同节点，进而分解单节点访问的负载，实现负载均衡，提高数据访问的速度，如图 6-13 所示。根据分片技术的思想，NoSQL 数据库系统需要确保将同时访问的数据集存放在同一个节点上，并事先组织好数据集。

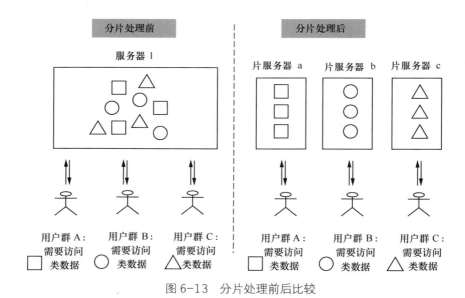

图 6-13　分片处理前后比较

与关系数据库不同的是，NoSQL 数据库中的分片处理并不是应用系统的程序员通过编写代码的方式自行处理，而是由数据库系统提供统一的自动分片功能进行处理，减轻了开发者的编程负担。分片处理的优点如下。

---

① "分片"与"切片"是两个不同的概念。

（1）负载均衡。

（2）提高 NoSQL 数据库的读/写性能，尤其是读取性能。

（3）提高 NoSQL 数据库的故障恢复能力。当某一个节点发生故障时，只有访问该节点数据的用户才受影响，其他用户可以正常访问其他节点。

2．复制

复制分为主从复制和对等复制两种。

（1）主从复制。"主从复制"指将数据复制到多个节点，其中一个节点叫作"Master"节点（主节点/首要节点），用来存放权威数据，并负责处理数据更新操作；其余节点叫作"Slave"节点（从节点/次要节点），用户可以读取从节点的数据，但不能直接更新它，从节点的数据通过复制技术与主节点数据保持一致，如图 6-14 所示。主从复制技术的优点体现在从节点，而不是主节点。也就是说，主从复制技术可以提高读取操作的性能，而对写入操作的帮助不大。

① 可以提高读取性能，但其写入性能仍受主节点的限制。

② 可以提高读取操作的故障恢复能力，但其写入操作仍受主节点的影响[①]。

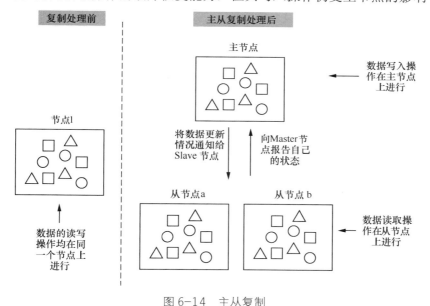

图 6-14　主从复制

显然，主从复制技术的缺点为主节点仍然是整个系统的瓶颈，主从复制也会带来新的问题——数据不一致性。

（2）对等复制。"对等复制"指在复制操作中，不存在"主节点"的概念，所有"副本"的地位等同，都可以接收写入请求，如图 6-15 所示。因此，如果对等复制中丢失某一个副本或某个节点发生故障，不会影响整个 NoSQL 数据库。对等复制的主要缺点是数据一致性问题的处理更加复杂，容易导致"写入冲突"现象[②]。

---

① 有时采用主节点的热备份（Hot Backup）方法提高主节点的容错能力。
② 两个用户同时更新同一条记录的不同副本。

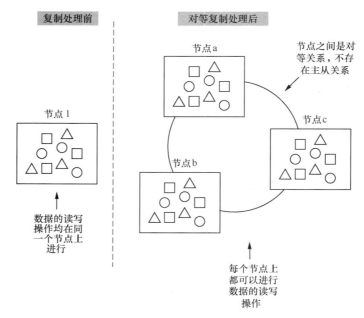

图 6-15   对等复制

总之，分片技术与复制技术具有各自的优缺点。因此，NoSQL 数据库中往往综合运用上述两种不同技术。以列数据库为例，设置 3 为复制因子，将每个分片数据存放在 3 个节点中，当某个节点发生故障时，可以用另两个节点之一替代此节点。

6.4.5   MongoDB

MongoDB 是 10gen 公司开发的一款 Key-Document 类的 NoSQL 数据库，如图 6-16 所示。

图 6-16   MongoDB 官网

1．MongoDB 的优点

由于 MongoDB 支持非常松散的数据结构（如 JSON 的 BSON 等），在无需定义表结构的情况下，MongoDB 可以存储比较复杂的数据类型。因此，MongoDB 具备的优点是不仅降低了程序代码与数据结构之间的耦合度，而且支持对数据进行灵活查询。MongoDB 的数据查询语法类似于面向对象的查询语言，不仅可以实现关系数据库单表查询的多数功能，而且支持对数据建立索引。除了上述优点外，MongoDB 还支持以下功能。

（1）面向集合存储，可以存储对象类型的数据。在 MongoDB 中数据被分组存储在集合中，集合类似于 RDBMS 中的表，一个集合中可存储无限多的文档。

（2）支持完全索引，可以在任意属性上建立索引，包含内部对象。MongoDB 的索引和 RDBMS 的索引基本相同，可以在指定属性、内部对象上创建索引以提高查询的速度。除此之外，MongoDB 还提供创建基于地理空间的索引能力。

（3）支持复制和数据恢复。MongoDB 支持主从复制机制，可以实现数据备份、故障恢复、读扩展等功能。而基于副本集的复制机制提供了自动故障恢复的功能，能够确保集群数据不会丢失。

（4）采用二进制数据存储和自动处理分片，处理效率高，可扩展性好，负载均衡能力强。

（5）编程方便。支持 Perl、PHP、Java、C#、JavaScript、Ruby、C 语言和 C++的驱动程序，MongoDB 提供了当前所有主流开发语言的数据库驱动包，开发人员使用任何一种主流开发语言都可以轻松编程，访问 MongoDB 数据库。

2．MongoDB 的缺点

目前，MongoDB 的主要缺点体现在以下几个方面。

（1）不支持 JOIN 查询，且事务处理能力较弱。

（2）数据并没有实时写入硬盘，存在数据丢失风险。

（3）数据处理，如 SQL 语言中的 GROUP BY 操作的实现方式比较特殊。

3．MongoDB 的数据组织方式

MongoDB 中的数据组织方式如下。

（1）MongoDB 的数据库（Database）由一个或多个集合（Collection）组成，MongoDB 的集合（Collection）相当于关系数据库中的关系表（Table）。

（2）MongoDB 中的集合（Collection）由一个或多个文档（Document）组成，MongoDB 的文档（Document）相当于关系数据库中的行（Row）。

（3）MongoDB 中的文档（Document）由一个或多个 key-value 组成，如图 6-17 所示。与关系数据库不同的是，MongoDB 文档中的 key-value 可以嵌套另一个 key-value。MongoDB 与关系数据库术语对照表如表 6-6 所示。

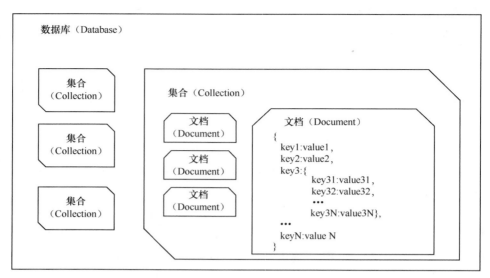

图 6-17　MongoDB 中的数据库、集合和文档的概念

表 6-6　　　　　　　　　　MongoDB 与关系数据库术语对照表

MongoDB	SQL
数据库（Database）	数据库
集合（Collection）	表
文档（Document）	行
字段（Field）	列
索引	索引
嵌入和引用	连接
主键：自动设置到_id 字段	主键：可以指定一列或者列的集合

4．MongoDB 的操作方法

通常，MongoDB 的操作方法有两种：一种是通过图形用户界面（GUI）操作；另一种是通过命令行（Shell）操作。考虑到对于多数初学者而言图形用户界面的操作相对容易，下面主要讲解以命令行为基础的操作方法。

（1）下载、安装与启动方法。MongoDB 的官网为我们提供的 MongoDB 使用方式有两种：一种是在本地下载安装 MongoDB 使用，称为 MongoDB Server 版；另一种是直接远程在线调用 MongoDB 的云服务，称为 MongoDB Atlas 版。其中，MongoDB Server 版又细分为两种：企业版（MongoDB Enterprise）和社区版（MongoDB Community）。以社区版为例，我们可以从 MongoDB 的官网下载 MongoDB Community Server，并根据安装提示进行安装，如图 6-18 所示。

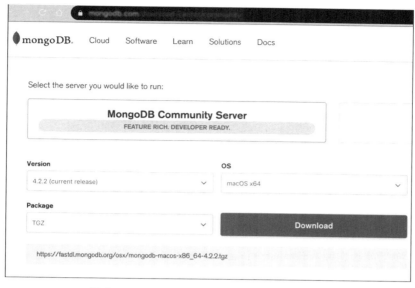

图 6-18　MongoDB Community Server 的安装

① 启动 MongoDB 服务器。输入命令：mongod。

```
                              soloman — -bash — 96×24
Last login: Mon Dec 30 12:42:44 on ttys003
[(base) localhost:~ soloman$ mongod
2019-12-30T12:43:21.719+0800 I  CONTROL  [main] Automatically disabling TLS 1.0, to force-enable
 TLS 1.0 specify --sslDisabledProtocols 'none'
2019-12-30T12:43:21.727+0800 I  CONTROL  [initandlisten] MongoDB starting : pid=16661 port=27017
 dbpath=/data/db 64-bit host=localhost
2019-12-30T12:43:21.727+0800 I  CONTROL  [initandlisten] db version v4.2.1
2019-12-30T12:43:21.727+0800 I  CONTROL  [initandlisten] git version: edf6d45851c0b9ee15548f0f84
7df141764a317e
2019-12-30T12:43:21.727+0800 I  CONTROL  [initandlisten] allocator: system
2019-12-30T12:43:21.727+0800 I  CONTROL  [initandlisten] modules: none
2019-12-30T12:43:21.727+0800 I  CONTROL  [initandlisten] build environment:
2019-12-30T12:43:21.727+0800 I  CONTROL  [initandlisten]     distarch: x86_64
2019-12-30T12:43:21.727+0800 I  CONTROL  [initandlisten]     target_arch: x86_64
2019-12-30T12:43:21.727+0800 I  CONTROL  [initandlisten] options: {}
2019-12-30T12:43:21.727+0800 E  STORAGE  [initandlisten] Failed to set up listener: SocketExcept
ion: Address already in use
2019-12-30T12:43:21.727+0800 I  CONTROL  [initandlisten] now exiting
2019-12-30T12:43:21.727+0800 I  CONTROL  [initandlisten] shutting down with code:48
(base) localhost:~ soloman$
```

可以通过输入命令"mongod -help"的方式显示帮助信息。

② 启动 MongoDB 客户端。输入命令：mongo。

```
                              soloman — mongo — 96×24
[(base) localhost:~ soloman$ mongo
MongoDB shell version v4.2.1
connecting to: mongodb://127.0.0.1:27017/?compressors=disabled&gssapiServiceName=mongodb
Implicit session: session { "id" : UUID("83e8cfe8-50c2-45c4-8273-73a8416a9113") }
MongoDB server version: 4.2.1
Server has startup warnings:
2019-12-30T07:20:28.159+0800 I  CONTROL  [initandlisten]
2019-12-30T07:20:28.159+0800 I  CONTROL  [initandlisten] ** WARNING: Access control is not enabl
ed for the database.
2019-12-30T07:20:28.159+0800 I  CONTROL  [initandlisten] **          Read and write access to da
ta and configuration is unrestricted.
2019-12-30T07:20:28.159+0800 I  CONTROL  [initandlisten]

Enable MongoDB's free cloud-based monitoring service, which will then receive and display
metrics about your deployment (disk utilization, CPU, operation statistics, etc).

The monitoring data will be available on a MongoDB website with a unique URL accessible to you
and anyone you share the URL with. MongoDB may use this information to make product
improvements and to suggest MongoDB products and deployment options to you.

To enable free monitoring, run the following command: db.enableFreeMonitoring()
To permanently disable this reminder, run the following command: db.disableFreeMonitoring()
---
```

可以通过输入命令"mongo -help"的方式显示帮助信息。

（2）数据库级操作命令。输入命令"mongod"启动客户端后可以使用以下命令。

① 显示所有数据库。输入命令：show dbs。

② 查看当前数据库。输入命令：db。

③ 切换当前数据库。输入命令：use 数据库名。

例如，"use chao"即可将当前数据库切换为数据库 chao。

需要注意的是，当使用 use 命令切换当前数据库时，如果当前数据库为不存在的数据库，MongoDB 不仅不会报错，反而会自动新建一个空数据库。但是，由于新建数据库为空数据库，所以使用 show dbs 命令时并不显示任何内容。如果需要显示新建数据库，需要向空数据库中插入文档，具体如下。

```
> show dbs
admin    0.000GB
chao     0.000GB
config   0.000GB
local    0.000GB
test     0.000GB
> use testme
switched to db testme
> show dbs
admin    0.000GB
chao     0.000GB
config   0.000GB
local    0.000GB
test     0.000GB
> db.testme.insert({"ID":"0001","NAME":"chaolemen","GENDER":"M"})
WriteResult({ "nInserted" : 1 })
> show dbs
admin    0.000GB
chao     0.000GB
config   0.000GB
local    0.000GB
test     0.000GB
testme   0.000GB
```

④ 查看当前数据库的链接地址。输入命令：db.getMongo()。

```
> db.getMongo()
connection to 127.0.0.1:27017
```

⑤ 查看当前数据库中的 collections。输入命令：show collections。

```
●●●                    🏠 soloman — mongo — 96×24
[> show collections
chao
student
```

⑥ 删除当前数据库。输入命令：db.dropDatabase()。

```
●●●                    🏠 soloman — mongo — 96×24
[> db.dropDatabase()
{ "dropped" : "testme", "ok" : 1 }
[>
[>
[>
```

（3）集合级操作命令。

① 创建一个集合。输入命令：db.createCollection("集合名称")。

```
●●●                    🏠 soloman — mongo — 96×24
[> db.createCollection("myCollection1")
{ "ok" : 1 }
[>
```

② 显示集合的方法。输入命令：show collections。

```
●●●                    🏠 soloman — mongo — 96×24
[> show collections
myCollection
myCollection1
[>
```

③ 删除一个集合。输入命令：db.集合的名称.drop()。

```
●●●                    🏠 soloman — mongo — 96×24
[> show collections
myCollection
myCollection1
[> db.myCollection.drop()
true
[> show collections
myCollection1
[>
```

（4）文档级操作命令。

① 计算文档的个数。输入命令：db.collection.count({})。

```
●●●                    🏠 soloman — mongo — 96×24
[> db.collection.count({})
0
```

② 插入文档的方法。输入命令：db.collection.insert({key1:value1,"key2": "value2"})。

```
●●●                    🏠 soloman — mongo — 96×24
[> db.collection.insert({"name":"zhang","age":18})
WriteResult({ "nInserted" : 1 })
[> db.collection.count({})
1
[>
```

③ 删除文档的方法。输入命令：db.集合名称.remove(删除条件)。其中，函数参数的写法参见 MongoDB 官网。

149

④ 查询文档的方法。输入命令：db.collection.find(query)。

⑤ 修改文档的方法。输入命令：db.collection.update()。

6.5 大数据分析技术

6.5.1 Analytics 3.0

著名管理学家托马斯·达文波特（Thomas H. Davernport）于 2013 年在《哈佛商业评论》（Harvard Business Review）上发表了一篇题为《第三代分析工具》（*Analytics3.0*）的论文。该论文将数据分析的方法、技术和工具——分析工具的应用时代分为 3 个，即商务智能时代、大数据时代和数据富足供给时代，如图 6-19 所示。

1. Analytics 1.0

Analytics 1.0 是商务智能时代（1950—2000 年）的主要数据分析技术、方法和工具。Analytics 1.0 中常用的工具软件为数据仓库及商务智能类软件，一般由数据分析师或商务智能分析师使用。Analytics 1.0 的主要特点如下。

（1）分析活动滞后于数据的生成。

（2）重视结构化数据的分析。

（3）以对历史数据的理解为主要目的。

（4）注重描述性分析。

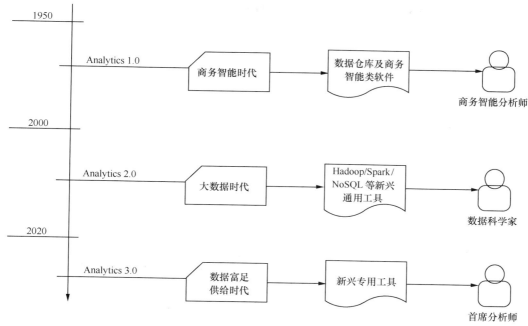

图 6-19 分析工具的 3 个时代

2．Analytics 2.0

Analytics 2.0 是大数据时代（2000—2020 年）的主要数据分析技术、方法和工具，一般由数据科学家使用。与 Analytics 1.0 不同的是，Analytics 2.0 中采用了一些新兴数据分析技术，如 Hadoop、Spark、NoSQL 等大数据分析技术。Analytics 2.0 的主要特点如下。

（1）分析活动与数据的生成几乎同步，强调数据分析的实时性。

（2）重视非结构化数据的分析。

（3）以决策支持为主要目的。

（4）注重解释性分析和预测性分析。

3．Analytics 3.0

Analytics 3.0 是数据富足供给时代（从 2020 年开始）的主要数据分析技术、方法和工具。与 Analytics 2.0 不同的是，Analytics 3.0 的数据分析功能更为专业化。从技术实现和常用工具角度看，Analytics 3.0 将采用更为专业的分析工具，而不再直接采用 Hadoop、Spark、NoSQL 等大数据分析技术。同时，数据分析工作也由专业从事数据分析的数据科学家——首席分析师完成，数据科学家的类型将得到进一步细化。Analytics 3.0 的主要特点如下。

（1）引入嵌入式分析。

（2）重视行业数据，而不只是企业内部数据。

（3）以产品与服务的优化为主要目的。

（4）注重规范性分析。

6.5.2 Gartner 分析学价值扶梯模型

从复杂度及价值高低两个维度，可以将数据分析分为描述性分析（Descriptive Analytic）、诊断性分析（Diagnostic Analytics）、预测性分析（Predictive Analytics）和规范性分析（Prescriptive Analytics）4 种，如图 6-20 所示的 Gartner 分析学价值扶梯模型（Gartner's Analytic Value Escalator）。其中：

（1）描述性分析主要关注的是"过去"，回答"已发生了什么？"，描述性分析是数据分析的第一步；

（2）诊断性分析主要关注的是"过去"，回答"为什么发生？"，是对描述性分析的进一步理解；

（3）预测性分析主要关注的是"未来"，回答"将要发生什么？"，预测性分析是规范性分析的基础；

（4）规范性分析主要关注的是"模拟与优化"的问题，即"如何从即将发生的事情中受惠"以及"如何优化将要发生的事情"，规范性分析是数据分析的最高阶段，可以直接产生实际价值。

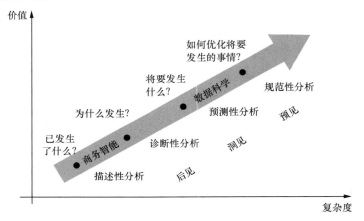

图 6-20　Gartner 分析学价值扶梯模型

6.5.3 数据分析中的陷阱

2015 年，托马塞蒂（Tomasetti C）和沃格斯坦（Vogelstein B.）在《科学》（Science）杂志上发表了一篇题为"组织间癌症风险的差异可以通过干细胞分裂的数量来解释（*Variation in cancer risk among tissues can be explained by the number of stem cell divisions*）"的论文，此论文摘要如下。

……有些类型的组织（注：此处"组织"指的是生物学中的"组织"，即界于细胞及器官的细胞架构）引发人类癌症的差异可高达其他类型生物组织的数百万倍。虽然这在最近一个多世纪以来已经得到公认，但从来没有任何人解释过这个问题。研究表明，不同类型癌症生命周期的风险，与正常自我更新细胞维持组织稳态所进行的分裂数目密切相关（0.81）。各组织间癌症风险的变化只有三分之一可归因于环境因素或遗传倾向，大多数是"运气不好"造成的，也就是说在 DNA 正常复制的非癌变干细胞中产生了随机突变。这不仅对于理解疾病有重要意义，也对设计减少疾病死亡率的策略有积极作用……

摘要中的"大多数是'运气不好'造成的"一句成为当时各大媒体的头条新闻，引发了社会各界热议，甚至有人指出了其错误。更重要的是，人们开始认真反思数据分析中普遍存在的"套路"现象及问题。其中最具代表性的是，里克（Leek J T）与彭（Peng R D）在《科学》杂志上发表的文章"问题是什么：数据分析中最常见的错误（*What is the question：Mistaking the type of question being considered is the most common error in data analysis*）"中明确提出"之所以出现错误的分析结果，是因为人们混淆了数据分析的类型"的观点。在他们看来，数据分析的类型主要有 6 种，如图 6-21 所示，并提出了 4 种常见的数据分析错误，如表 6-7 所示。

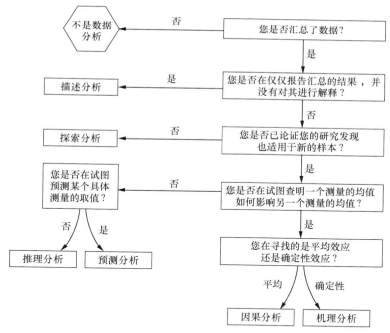

图 6-21　数据分析的类型

表 6-7　　　　　　　　　　　数据分析的常见错误

问题类型（实际）	问题类型（曲解）	曲解情况的简单描述
推理分析	因果分析	相关性并不意味着因果关系
探索分析	推理分析	数据疏浚（Data Dredging）
探索分析	预测分析	过拟合
描述分析	推理分析	1 为 n 分析

6.6　Python 编程实践

【分析对象】

txt 文件——文件名为 "Pearson.txt"，该数据源自卡尔·皮尔森（Karl Pearson）的著名实验，主要记录的是父亲和儿子的身高。该数据集在 1 078 个样本数据的基础上，增加了随机噪声。读者可以从 Kaggle 官网下载或在本书配套资源中找到数据文件 "Pearson.txt"。

【分析目的与任务】

理解 Spark+ MongoDB 在数据科学中的应用——进行大数据分析。

首先，创建 SparkSession，并连接至 Spark 服务器和 MongoDB 服务器；

其次，通过查看模式信息、描述性统计信息和进行数据可视化来理解数据；

接着，处理离群点，并将父亲的身高作为自变量，取其成年儿子的身高作为因变量进行简单线性回归；

最后，评价拟合出来的模型，利用模型进行预测。

【分析方法及工具】

Python 及 Spark+ MongoDB 大数据分析框架。

【主要步骤】

此数据科学项目的步骤包括创建 SparkSession、数据读取、数据理解、数据准备、模型训练、模型评估和模型应用。

本例以简单线性回归为例，讲解基于 Spark 和 MongoDB 的大数据分析思路和方法。与本书 2.7 节中介绍的基于 statsmodels 包的简单线性回归不同的是，本例将采用 Spark 的机器学习库——MLib 作为简单线性回归的工具。由于在本书 2.7 节中已介绍过简单线性回归分析的基本思路和概念，本章不再赘述相同内容。

在编写本例题代码之前,读者需要在自己的计算机上安装Spark编程环境、PySpark 包和 MongoDB 服务器。由于篇幅限制，本书中并没有讲解上述内容的具体操作方法，读者可以在本书配套资源中找到相关知识的介绍文档。

在 Spark 编程中，首先需要创建 SparkSession 对象，该对象用于将 Python 会话连接至 Spark 服务器和数据库服务器（如 MongoDB 等）中。创建 SparkSession 对象的方法为调用 pyspark.sql 包提供的 SparkSession()函数。该函数的调用方法如下。

Step1：创建 SparkSession

创建 SparkSession 的示例如下。

```
        #创建 SparkSession，并连接至 Spark 服务器和 MongoDB 服务器
In[1]   from pyspark.sql import SparkSession

        mySpark = SparkSession \
```

```
    .builder \
    .appName("myApp") \
    .config("spark.mongodb.input.uri", "mongodb://127.0.0.1/local.
FSHeight") \
    .config("spark.mongodb.output.uri", "mongodb://127.0.0.1/local.
FSHeight") \
    .config('spark.jars.packages','org.mongodb.spark:mongo-spark
-connector_2.11:2.4.1')\
    .getOrCreate()
```

在数据科学项目中，待分析处理的原始数据集可能已经存放在 MongoDB 等数据库服务器中，也可能存放在本地文件系统中。例如，本例中的原始数据集 "Pearson.txt" 是存放在本地文件系统中，需要将其上传至 MongoDB。在 Python 编程中，通常采用 PySpark 包将本地数据文件上传至 MongoDB 中，具体方法为调用 PySpark 的 read()方法将数据文件 FSHeight.txt 中的数据读取至自定义的 Spark 数据框 sparkFSHeight 中。示例如下。

```
In[2]
#使用 PySpark 的 read()方法将数据文件 FSHeight.txt 中的数据读取至自定义的
Spark 数据框 sparkFSHeight 中

sparkFSHeight=mySpark.read.format("csv")\
    .option("inferSchema","true")\
    .option("delimiter",'\t')\
    .option("header", "true")\
    .load("FSHeight.txt")
```

其次，可以通过调用 PySpark 提供的 show()函数显示 Spark 数据框 sparkFSHeight 的部分内容。示例如下。

```
In[3]
#显示 Spark 数据框 sparkFSHeight 的前五行

sparkFSHeight.show(5)
```
对应输出结果为：
```
+------+----+
|Father| Son|
+------+----+
|  65.0|59.8|
|  63.3|63.2|
|  65.0|63.3|
|  65.8|62.8|
|  61.1|64.3|
+------+----+
only showing top 5 rows
```

接着，可以通过 PySpark 包提供的其他函数，如 count()、printSchema()等实现查看数据集的行数和模式信息等目的。

```
In[4]
#显示 Spark 数据框 sparkFSHeight 的行数
sparkFSHeight.count()
```

对应输出结果为：

```
1078
```

从以上数据结果可以看出，原始数据 FSHeigh 的行数为 1078。随后，查看其模式信息。示例如下。

```
In[5]  #显示 Spark 数据框 sparkFSHeight 的模式信息
       sparkFSHeight.printSchema()
```

对应输出结果为：

```
root
 |-- Father: double (nullable = true)
 |-- Son: double (nullable = true)
```

再次，我们通过 PySpark 包将 Spark 数据框上传至 MongoDB 服务中。具体方法为：以"追加"方式将 Spark 数据框 sparkFSHeight 存入 MongoDB 的 local 数据库的数据集 FSHeight 中。示例如下。

```
In[6]  sparkFSHeight.write.format("mongo").option("uri","mongodb://127.
       0.0.1/local.FSHeight").mode("").save()

       #【注意】本例采用 append()形式追加新数据，多次运行此行会导致数据重复写
       入。monggodb 中清空数据表的命令为 db.FSHeight.remove({})
```

最后，调用 stop()方法，关闭 Spark Session 对象。示例如下。

```
In[7]  mySpark.stop()
```

Step 2：数据读取

在数据科学流程上看，与本书"2.7 Pyhton 编程实践"中介绍过的基于统计学方法进行数据建模方法类似，基于 Spark 的大数据分析也需要进行业务理解、数据读取和数据理解等活动。

PySpark 中可以通过创建 SparkSession，并调用其 read.format()函数从 MongoDB 数据库中读取数据。在本例的 Steep 1 中，已经将数据集写入 MongoDB 的 local 数据库的 FSHeight 数据集中。因此，从 MongoDB 读取数据集 FSHeight 的代码如下。

```
In[8]  #创建 SparkSession 对象

       from pyspark.sql import SparkSession

       mySpark = SparkSession \
           .builder \
           .appName("myApp") \
           .config("spark.mongodb.input.uri", "mongodb://127.0.0.1/local.
       FSHeight") \
           .config("spark.mongodb.output.uri", "mongodb://127.0.0.1/local.
       FSHeight") \
           .config('spark.jars.packages','org.mongodb.spark:mongo-spark
       -connector_2.11:2.4.1')\
           .getOrCreate()
```

其次，从 MongoDB 读取数据集 FSHeight 至 Spark 数据框中。示例如下。

```
In[9]    sparkDF_FSHeight
         sparkDF_FSHeight=mySpark.read.format("mongo").load()
```

再次，显示 Spark 数据框 sparkDF_FSHeight 的前 5 行。示例如下。

```
In[10]   sparkDF_FSHeight.head(5)

             #【提示】此处，可以调用 take() 方法实现 head() 方法的功能
```

对应输出结果为：

```
[Row(Father=65.0, Son=59.8, _id=Row(oid='5e0958f52c796e5c28a79a01')),
 Row(Father=63.3, Son=63.2, _id=Row(oid='5e0958f52c796e5c28a79a02')),
 Row(Father=65.0, Son=63.3, _id=Row(oid='5e0958f52c796e5c28a79a03')),
 Row(Father=65.8, Son=62.8, _id=Row(oid='5e0958f52c796e5c28a79a04')),
 Row(Father=61.1, Son=64.3, _id=Row(oid='5e0958f52c796e5c28a79a05'))]
```

最后，查看 Spark 数据框 sparkDF_FSHeight 的行数。示例如下。

```
In[11]   sparkDF_FSHeight.count()
             #【提示】如果显示行数并非为 1078，那么说明之前多次插入数据集或数据集已发
             生变化，建议清空 collections 后执行以上代码，清空 collections 的具体代
             码为：db.FSHeight.remove({})
```

对应输出结果为：

```
1078
```

Step 3：数据理解

基于 Spark 数据理解的思路与本书第 2 章和第 3 章中讲解的基于统计学或机器学习的数据理解类似，其区别在于所调用的函数不同。在 PySpark 中，开发人员可以调用 printSchema()、describe() 和 take() 等方式实现查看数据框的模式信息、描述性统计信息和部分数据内容等功能。当然，也可以采用数据可视化的方法实现数据理解的目的。具体代码如下。

首先，查看 Spark 数据框——sparkDF_FSHeight 的模式信息。示例如下。

```
In[12]   sparkDF_FSHeight.printSchema()
```

对应输出结果为：

```
root
 |-- Father: double (nullable = true)
 |-- Son: double (nullable = true)
 |-- _id: struct (nullable = true)
 |    |-- oid: string (nullable = true)
```

其次，查看 Spark 数据框——sparkDF_FSHeight 的描述性统计信息。示例如下。

```
In[13]   sparkDF_FSHeight.describe().toPandas().transpose()

             #【提示】方法 .transpose() 的功能为转置
```

对应输出结果为：

	0	1	2	3	4
summary	count	mean	stddev	min	max
Father	1078	67.68682745825602	2.745827077877217	59.0	75.4
Son	1078	68.68423005565862	2.8161940362006628	58.5	78.4

再次，显示 Spark 数据框——sparkDF_FSHeight 的前 10 行。示例如下。

```
In[14]  sparkDF_FSHeight.take(10)
```

对应输出结果为：

```
[Row(Father=65.0, Son=59.8, _id=Row(oid='5e0958f52c796e5c28a79a01')),
 Row(Father=63.3, Son=63.2, _id=Row(oid='5e0958f52c796e5c28a79a02')),
 Row(Father=65.0, Son=63.3, _id=Row(oid='5e0958f52c796e5c28a79a03')),
 Row(Father=65.8, Son=62.8, _id=Row(oid='5e0958f52c796e5c28a79a04')),
 Row(Father=61.1, Son=64.3, _id=Row(oid='5e0958f52c796e5c28a79a05')),
 Row(Father=63.0, Son=64.2, _id=Row(oid='5e0958f52c796e5c28a79a06')),
 Row(Father=65.4, Son=64.1, _id=Row(oid='5e0958f52c796e5c28a79a07')),
 Row(Father=64.7, Son=64.0, _id=Row(oid='5e0958f52c796e5c28a79a08')),
 Row(Father=66.1, Son=64.6, _id=Row(oid='5e0958f52c796e5c28a79a09')),
 Row(Father=67.0, Son=64.0, _id=Row(oid='5e0958f52c796e5c28a79a0a'))]
```

最后，绘制"儿子身高-父亲身高"散点图。示例如下。

```
In[15]   # 将 Spark 数据框转换为 Pandas 的数据框 pandasDF_FSHeight=sparkDF
         FSHeight.toPandas()

         # 数据可视化——绘制"儿子身高-父亲身高"散点图

         import matplotlib.pyplot as plt
         %matplotlib inline

         plt.scatter(pandasDF_FSHeight["Son"],pandasDF_FSHeight["Father"])
         plt.xlabel('Height of Sons')
         plt.ylabel('Height of Fathers')
```

对应输出结果为：

Text(0, 0.5, 'Height of Fathers')

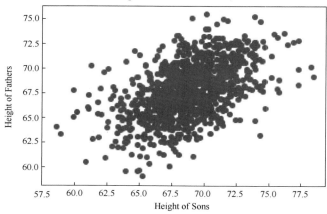

Step 4：数据准备

在基于 Spark 的大数据分析中，除了离群点处理和缺失值处理等预处理活动外，主要是需要按照 MLib 包中对数据模态的要求进行数据准备。

首先，调用 head()方法，显示 Spark 数据框 pandasDF_FSHeight 的部分内容。示例如下。

```
In[16] | pandasDF_FSHeight.head()
```
对应输出结果为：

	Father	Son	id
0	65.0	59.8	(5e0958f52c796e5c28a79a01,)
1	63.3	63.2	(5e0958f52c796e5c28a79a02,)
2	65.0	63.3	(5e0958f52c796e5c28a79a03,)
3	65.8	62.8	(5e0958f52c796e5c28a79a04,)
4	61.1	64.3	(5e0958f52c796e5c28a79a05,)

其次，调用 shape 属性，查看 Spark 数据框 pandasDF_FSHeight 的形状。示例如下。

```
In[17] | pandasDF_FSHeight.shape
```
对应输出结果为：

```
(1078, 3)
```

从以上输出结果可以看出，pandasDF_FSHeight 的行数和列数分别为 1078 和 3。然后，计算儿子身高和父亲身高的 z-score 值。示例如下。

```
In[18]  from scipy import stats
        import numpy as np
        z = np.abs(stats.zscore(pandasDF_FSHeight[["Son","Father"]]))
        print(z)
```
对应输出结果为：

```
[[3.1561581  0.97896716]
 [1.94829456 1.59837581]
 [1.91276917 0.97896716]
 ...
 [0.21875472 1.49866744]
 [0.21875472 1.09787361]
 [0.59832943 0.9521304 ]]
```

接着，根据上一步中计算的 z-score 值，删除离群点。示例如下。

```
In[19]  zscored_pandasDF_FSHeight = pandasDF_FSHeight[(z < 3).all(axis=1)]
            #【注意】此处离群点转换后的数据集存放在对象 zscored_pandasDF_FSHeight，
            该对象为 Pandas 包的数据框

        #查看 Pandas 数据框 zscored_pandasDF_FSHeight 的形状
        zscored_pandasDF_FSHeight.shape
```

对应输出结果为：

```
(1067, 3)
```

从该输出结果可以看出，以 z-score 值为依据进行离群点的删除处理后，数据框 zscored_pandasDF_FSHeight 的行数变为 1067，即从数据框 pandasDF_FSHeight 删除了共 11 行数据。由于数据框 zscored_pandasDF_FSHeight 和 pandasDF_FSHeigh 均为 Pandas 的数据框，接下来将离群点处理后的数据集 zscored_pandasDF_FSHeight 转换为 Spark 数据框 zscored_ sparkDF_FSHeight。示例如下。

In[20]
```
zscored_sparkDF_FSHeight=mySpark.createDataFrame(zscored_panda
sDF_FSHeight)

#重新上传至 MongoDB 数据库服务器
zscored_sparkDF_FSHeight.write.format("mongo").option("uri","m
ongodb://127.0.0.1/local.ZScoredFSHeight").mode("").save()

#从 MongoDB 数据库服务器重新读取数据文件
sparkDF_FSHeight=mySpark.read.format("mongo").option("uri","mo
ngodb://127.0.0.1/local.ZScoredFSHeight").load()

#显示已读取的 Spark 数据框 sparkDF_FSHeigh 的行数和列数
sparkDF_FSHeight.count(),len(sparkDF_FSHeight.columns)
```

对应输出结果为：

```
(1067, 3)
```

与本书 2.7 节中介绍过的基于统计学方法进行数据建模方法类似，基于 Spark 的大数据分析也需要将自变量和因变量对应的数据分别转换为特征矩阵和目标向量。在 PySpark 中，通常采用 pyspark.ml.feature 包提供的 VectorAssembler()函数，将多个列（用 inputCols=表示）合并为一个"向量列"（Vector Column）（使用 outputCol =表示），进而实现定义 MLlib 所需的特征矩阵的目的。示例如下。

In[21]
```
#导入函数 VectorAssembler
from pyspark.ml.feature import VectorAssembler

#定义一个"向量列"（Vector Column）生成器
vectorAssembler = VectorAssembler(inputCols = ['Father'], outputCol =
'features')

#将多个列（用 inputCols=表示）合并成一个"向量列"（Vector Column）
v_sparkDF_FSHeight = vectorAssembler.transform(sparkDF FSHeight)


#显示 Spark 数据框 v_sparkDF_FSHeight 的部分内容
v_sparkDF_FSHeight.take(3)
```

对应输出结果为：

```
[Row(Father=67.6, Son=68.2, _id=Row(oid='5e0958f52c796e5c28a79a5b'), features=
DenseVector([67.6])),
```

```
      Row(Father=68.4, Son=67.9, _id=Row(oid='5e0958f52c796e5c28a79a5c'), features=
DenseVector([68.4])),
      Row(Father=67.7, Son=68.6, _id=Row(oid='5e0958f52c796e5c28a79a5d'), features=
DenseVector([67.7]))]
```

　　调用 select()方法从 Spark 数据框 v_sparkDF_FSHeight 中提取自变量"features"和因变量"Son"，存入另一个 Spark 数据框 v_sparkDF_FSHeight 中，并调用 take()方法显示数据框 v_sparkDF_FSHeight.的前 3 行数据。

In[22]
```
v_sparkDF_FSHeight = v_sparkDF_FSHeight.select(['features', 'Son'])

v_sparkDF_FSHeight.take(3)
```

对应输出结果为：

```
[Row(features=DenseVector([67.6]), Son=68.2),
 Row(features=DenseVector([68.4]), Son=67.9),
 Row(features=DenseVector([67.7]), Son=68.6)]
```

　　值得一提的是，Spark 提供的 MLib 库采用机器学习方法实现简单线性回归，因此，需要将特征矩阵和目标向量进一步划分为测试集和训练集。关于测试集与训练集的划分方法，可以参见本书第 3 章的内容。示例如下。

In[23]
```
#训练集和测试集的划分
train_DF = v_sparkDF_FSHeight
test_DF = v_sparkDF_FSHeight

    #【提示】考虑到本例是以简单回归为目的进行数据分析的，我们将训练集和测试集
       均设为整个数据集。通常使用.randomSplit函数进行训练集和测试集的切分，代
       码如下
splits = v_sparkDF_FSHeight.randomSplit([0.7, 0.3])
train_DF = splits[0]
test_DF = splits[1]

#显示测试集的行数和列数
test_DF.count(),len(test_DF.columns)
```

对应输出结果为：

```
(1067, 2)
```

Step 5：模型训练

　　在数据准备的基础上，Spark 可以调用 MLib 中的具体函数进行各种机器学习的目的。本例调用 Spark MLib 的 LinearRegression 函数进行简单线性回归。

　　首先，导入 Spark MLib 中的 LinearRegression 函数，并创建和拟合 LinearRegression 模型。示例如下。

In[24]
```
#导入 LinearRegression 函数
from pyspark.ml.regression import LinearRegression

#创建 LinearRegression 模型
myModel = LinearRegression(featuresCol = 'features', labelCol= 'Son')
```

```
#【提示】featuresCol 和 labelCol 分别代表的是特征矩阵和目标向量

#拟合 LinearRegression 模型
myResults = myModel.fit(train_DF)
```

其中，关于 LinearRegression 函数的更多信息建议查看其帮助信息。帮助信息的查看方法如下。

```
In[25]    #查看 LinearRegression 函数的帮助信息
          LinearRegression?
```

其次，通过调用 myResults 对象的 coefficients 和 intercept 属性，分别查看拟合得出的斜率和截距项。示例如下。

```
In[26]    #显示斜率
          print("Coefficients: " + str(myResults.coefficients))

          #显示截距项
          print("Intercept: " + str(myResults.intercept))
```

对应输出结果为：
```
Coefficients: [0.49182721146365943]
Intercept: 35.3942223308334
```

Step 6：模型评估

PySpark 为我们提供了可用于模型评估的属性和方法。例如，通过 summary 属性的 show()方法、r2 属性和.rootMeanSquaredError 属性等分别查看简单线性回归之后的残差、R 方和均方误差。

首先，生成 summary 对象。示例如下。

```
In[27]    summary = myResults.summary
```

其次，查看 summary 对象中的残差项。示例如下。

```
In[28]    #查看残差
          summary.residuals.show()
```

对应输出结果为：
```
+-------------------+
|          residuals|
+-------------------+
|-0.44174182577677357|
| -1.1352035949477113|
|-0.09092454692314789|
| -1.1827517583868143|
| -1.1778480852649977|
| -1.2827517583868087|
|  -0.779482642972269|
| -1.277848085264992|
|  -0.53356903724044|
| -1.525396248704098|
| -1.6188580178750271|
```

162

```
|  -2.612319787045962|
|  2.1500853856868787|
| -1.6155889024605017|
|  0.8139791261986602|
| -2.7582333927777825|
|  1.1107100107841177|
| -3.6451569311196437|
|  1.4615272896377576|
|  1.7139791261986659|
+-------------------+
only showing top 20 rows
```

再次，查看判断系数 R 方。示例如下。

In[29] │ summary.r2

对应输出结果为：

0.2502440487185261

最后，查看均方误差。示例如下。

In[30] │ summary.rootMeanSquaredError

对应输出结果为：

2.325165606265826

Step 7：模型应用

在模型评估通过后，可以将已训练好的模型用于解决实际问题。本例中，我们调用拟合后生成的 LinearRegression 模型——myResults 的 transform()方法实现预测功能。

首先，采用所训练出的新模型 myResults 对测试集中的儿子（Son）的身高进行预测，并对比显示预测结果与测试集中的真实值。示例如下。

```
#基于测试集 test_DF，进行预测
predictions = myResults.transform(test_DF)

#显示预测结果
predictions.show()
```
In[31]

对应输出结果为：

```
+--------+----+-----------------+
|features| Son|       prediction|
+--------+----+-----------------+
|  [67.6]|68.2|68.64174182577678|
|  [68.4]|67.9|69.03520359494772|
|  [67.7]|68.6|68.69092454692314|
|  [68.7]|68.0|69.18275175838681|
|  [69.3]|68.3| 69.477848085265|
|  [68.7]|67.9|69.18275175838681|
|  [69.1]|68.6|69.37948264297226|
|  [69.3]|68.2| 69.477848085265|
|  [68.6]|68.6|69.13356903724043|
```

```
|  [69.6]|68.1|69.62539624870409|
|  [70.4]|68.4|70.01885801787503|
|  [71.2]|67.8|70.41231978704596|
|  [66.6]|70.3|68.14991461431312|
|  [70.8]|68.6| 70.2155889024605|
|  [68.3]|69.8|68.98602087380134|
|  [71.7]|67.9|70.65823339277779|
|  [67.9]|69.9|68.78928998921589|
|  [73.3]|67.8|71.44515693111964|
|  [68.0]|70.3|68.83847271036224|
|  [68.3]|70.7|68.98602087380134|
+--------+----+-----------------+
only showing top 20 rows
```

其次，调用 show()方法，从上一结果中选择名为 prediction 的一列，并显示其部分内容。示例如下。

```
In[32]  predictions.select("prediction").show()
```

对应输出结果为：

```
+----------------+
|      prediction|
+----------------+
|68.64174182577678|
|69.03520359494772|
|68.69092454692314|
|69.18275175838681|
|69.477848085265|
|69.18275175838681|
|69.37948264297226|
|69.477848085265|
|69.13356903724043|
|69.62539624870409|
|70.01885801787503|
|70.41231978704596|
|68.14991461431312|
|70.2155889024605|
|68.98602087380134|
|70.65823339277779|
|68.78928998921589|
|71.44515693111964|
|68.83847271036224|
|68.98602087380134|
+----------------+
only showing top 20 rows
```

在实际数据科学项目中，开发人员通常采用部署/生产模型（Deployment/ Productionizing Models）的理论和技术将 Spark 机器学习模型部署至具体业务系统。部署/生产模型（Deployment/Productionizing Models）是近几年来广泛受到重视的新兴领域，建议读者学习和关注该领域的最新方法和技术。

在 Spark 数据分析结束时需要关闭 Spark Session，开发人员可以调用 PySpark 提供的 stop()方法。示例如下。

```
In[33]    #关闭 Spark Session
          mySpark.stop()
```

6.7　继续学习本章知识

本章主要讲解了大数据计算、大数据管理和大数据分析 3 种大数据技术及 Python 编程实践。本章知识的继续学习需要注意以下 4 个问题。

1．大数据技术的可扩展性

可扩展性（Scalability）是大数据技术的本质特征。可扩展性指通过向系统添加资源来处理越来越多的工作的系统属性。大数据的量大、增长速度快等特征要求其存储、计算、管理和分析技术具有可扩展性，进而满足不断变化的大数据处理需求。大数据技术的扩展方法有两种，横向扩展（Scaling out）和纵向扩展（Scaling up），分别代表的是加大规模和提高性能。虽然二者均可以实现大数据技术的扩展目的，但考虑到纵向扩展的成本通常远远超过横向扩展，所以在大数据技术中普遍采用的是横向扩展技术，而不是纵向扩展技术，如图 6-22 所示。

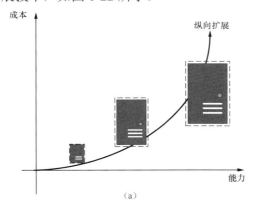

（a）

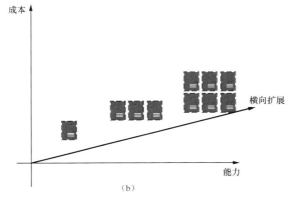

（b）

图 6-22　横向扩展与纵向扩展的区别

2．大数据的实时处理

实时处理（Real-time Processing）是大数据技术的一个重要发展趋势。实时处理是相对于批处理（Batch Processing）的一种提法（见表 6-8），是指在很短时间内（或接近实时）进行处理的技术。通常采用内存计算和流处理（Streaming Processing）的方法实现大数据的实时处理。因此，在本章的继续学习中应该重视流处理技术，如 Spark Streaming、Apache Flink、IBM Streams 和 Azure Stream Analytics 等。

表 6-8   批处理和流处理的区别

	批处理	流处理
数据来源	历史数据（已存储至数据库或数据仓库中的数据）	最新数据（直接处理来自生成、采集和捕获设备的数据）
处理时长	较长	较短，接近实时
处理对象	粒度大	粒度小
处理方法	通用、较简单	专用、较复杂
计算技术	硬盘计算	内存计算

3．大数据技术的多样性

多样性是大数据技术的重要特征，本章讲解的大数据技术并不代表全部技术，除了大数据的计算、管理和分析之外，大数据技术还包括大数据的采集、存储、传输、加密、安全等多种技术，因此在继续学习中应重视更多大数据技术的学习和操作实践。Speechpad[①]的联合创始人戴夫·范莱布（Dave Feinleib）于 2012 年发布了大数据产业全景图（Big Data Landscape），首次较为全面地刻画了当时快速发展的大数据技术体系。后来，该图及其画法成为大数据和数据科学的重要分析工具，得到广泛应用和持续更新。图 6-23 是"数据驱动型纽约市（Data Driven NYC）"社区[②]的发起人之一马特·特克（Matt Turck）等组织绘制的 2017 大数据产业全景图（Big Data Landscape 2017）。

4．统一分析

统一分析（Unified Analytics）工具是大数据技术应用的一个重要趋势。统一分析指将数据工程师和数据科学家的工作整合到同一个平台上，为数据科学提供统一的计算技术平台。图 6-24 给出了基于 Databricks 的统一分析平台的架构。从图 6-24 可以看出，基于 Databricks 的统一分析平台由工作空间、运行时环境和云服务平台组成。其中，Databricks 工作空间的功能是集成了数据分析师和数据科学家的工作，采用 APIs、作业、模型、记事本、仪表板等技术，为包括数据的 ETL 到建模和部署再到机器学习全生命期提供了统一平台。Databricks 运行时环境主要采用了 Spark 技术，同时还集成了基于 Hadoop Kafka、Parquet 等的 Databircks Delta 数据库以及 TenserFlow、SKLearn、XGBoost 等机器学习框架。Databricks 云服务平台主要采用了亚马逊的 AWS 和微软的 Azure 等云服务。

---

① 一家从事基于众包进行音视频转录的著名企业。
② 一个由数据科学、大数据、人工智能爱好者组成的著名社区。

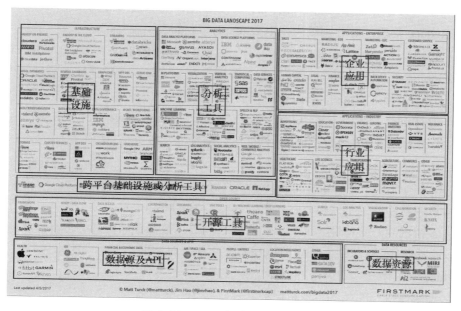

图 6-23　2017 大数据产业全景图

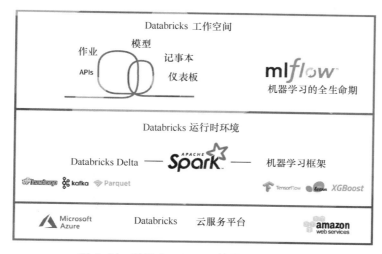

图 6-24　基于 Databricks 的统一分析平台

习　　题

一、选择题

1.《信息技术—大数据技术参考模型》中给出了（　　　），描述了大数据的参考框架，包括角色、活动和功能组件及它们之间的关系。

A．大数据技术参考模型

B．大数据术语体系

C．大数据流程

D．大数据生命周期

2．（　　）计算框架源自一种分布式计算模型，计算过程分为两个阶段——Map 阶段和 Reduce 阶段，并分别以两个函数 map()和 reduce()进行抽象。

A．Spark　　　　　　B．Tez　　　　　　C．MapReduce　　　　　D．Flink

3．Goolge 于 2003—2008 年发表的 3 篇论文在云计算和大数据技术领域产生了深远影响，通常被称为 Google 三大云计算技术的包括（　　）。

A．BigTable　　　　　B．GFS　　　　　　C．MapReduce　　　　　D．Spark

4．当用户程序调用 MapReduce 框架时，将输入文件分成 M 个（　　）。

A．切片　　　　　　B．分片　　　　　　C．分块　　　　　　　D．分区

5．以下特征中，不属于 MapReduce 的特征是（　　）。

A．以主从结构的形式运行　　　　　　　B．key-value 类型的输入、输出

C．容错机制的简单性　　　　　　　　　D．数据存储位置的多样性

6．通常，"落伍者"是影响 MapReduce 总执行时间的主要影响因素之一。为此，MapReduce 中采用（　　）。

A．推测性执行的任务备份机制　　　　　B．惰性计算

C．急性/热情计算　　　　　　　　　　　D．分布式计算

7．在 MapReduce 中，当 map()函数产生的中间 key 值的重复数据会占很大的比重，而且用户自定义的 reduce()函数满足结合律和交换律时，一般采用（　　）函数来降低 map()函数与 reduce()函数之间的数据传递量，进而提高 MapReduce 的处理速度。

A．filter　　　　　　B．combiner　　　　C．sort　　　　　　　D．filter

8．从 Hadoop 实现角度看，MapReduce 1.0 计算框架主要由（　　）部分组成。

A．编程模型　　　　　　　　　　　　　B．数据处理引擎

C．运行时环境　　　　　　　　　　　　D．核心算法

9．MapReduce 1.0 计算框架的主要缺点是（　　）。

A．扩展性差　　　　　　　　　　　　　B．可靠性差

C．资源利用率低　　　　　　　　　　　D．无法支持多种计算框架

10．（　　）是基于 Hadoop 的一个数据仓库工具，可以将结构化的数据文件映射为一张数据库表，并提供简单的查询功能。

A．Hive　　　　　　B．HBase　　　　　C．Flink　　　　　　D．Spark

11．以下特征中，不属于 Spark 的特征是（　　）。

A．支持惰性计算　　　　　　　　　　　B．内存计算

C．不支持交互式处理　　　　　　　　　D．支持图计算

12．Spark 的技术架构可以分为（　　）3 层。

A．资源管理层　　　　B．Spark 核心层　　C．服务层　　　　　D．搜索层

13．Spark 提供了较为灵活的集群管理模式，包括（　　）。

A．Standalone 模式　　　　　　　　　　B．Mesos 模式

C．YARN 模式　　　　　　　　　　　　D．Message 模式

14. 在 Spark 中，（　　）是一个容错的、并行的数据结构，允许用户显式地将数据存储到磁盘和内存中，并能控制数据的分区。

A．RDD　　　　　　　B．PDD　　　　　　C．KDD　　　　　　D．CDD

15. Spark 中的一个关键问题是如何选择 RDD 序列化时机。通常，在（　　）情况下，可以考虑对其进行序列化处理。

A．在完成成本比较高的操作之后

B．在执行容易失败的操作之前

C．当 RDD 被重复使用或者计算其代价很高时

D．对计算速度的要求很高时

16. （　　）指父 RDD 的每个分区都只被子 RDD 的一个分区所依赖。

A．窄依赖　　　　　　　　　　　　B．宽依赖

C．长依赖　　　　　　　　　　　　D．短依赖

17. Storm 创始人内森·马兹（Nathan Marz），结合自己在 Twitter 和 BackType 从事大数据处理的工作经验，提出了一种大数据系统参考架构——（　　）。

A．Storm+架构　　　　　　　　　　B．MapReduce+架构

C．Lambda 架构　　　　　　　　　　D．Twitter+架构

18. 在大数据时代，传统数据库的优点是（　　）。

A．善于处理大数据的读写操作　　　B．适用于数据模型不断变化的应用场景

C．频繁操作的代价低　　　　　　　D．产品成熟度高

19. 以下描述中，不属于 NoSQL 数据库优势的是（　　）。

A．易于数据的分散存储与处理

B．数据的频繁操作代价低以及数据的简单处理效率高

C．数据一致性高

D．适用于数据模型不断变化的应用场景

20. NoSQL 数据库中对数据管理目的，尤其是数据一致性保障问题的认识发生了变化，而这些变化以以下哪两个重要理论为依据（　　）。

A．CAP 理论　　　　　　　　　　　B．BASE 原则

C．LA 架构　　　　　　　　　　　　D．奥康姆剃刀原则

21. Analytics 3.0 的主要特点有（　　）。

A．引入嵌入式分析

B．重视行业数据，而不只是企业内部数据

C．以产品与服务的优化为主要目的

D．注重规范性分析

22. Analytics 1.0 的主要特点有（　　）。

A．分析活动滞后于数据的生成　　　B．重视结构化数据的分析

C．以对历史数据的理解为主要目的　D．注重描述性分析

23．Analytics 2.0 的主要特点有（　　）。

A．分析活动几乎与数据的生成同步，强调数据分析的实时性

B．重视非结构化数据的分析

C．以决策支持为主要目的

D．注重解释性分析和预测性分析

二、调研与分析题

1．调查并对比分析大数据技术领域的国际顶级会议及学术期刊。

2．调查分析基于 Spark 的大数据分析的现状与趋势。

3．调查并对比分析常用 NoSQL 工具。

4．调查并对比分析常用大数据分析工具。

5．调查并对比分析常用大数据管理工具。

6．调查并对比分析常用 Spark 与 MapReduce 的区别。

7．结合自己的专业领域，调研该领域常用的大数据技术与工具。

第 章　数据产品开发及数据科学中的人文与管理

7.1　数据产品开发及数据科学的人文与管理属性

数据产品开发是数据科学的重要组成部分。数据产品开发不仅是数据科学对人类的主要贡献，而且是传统产品与服务下一轮创新的突破口。因此，数据产品开发是数据科学从业者的抓手。此外，数据科学还涉及一些人文与管理问题，包括数据科学的项目管理、数据能力、数据治理、数据安全、数据偏见、数据伦理与道德等，如图 7-1 所示。

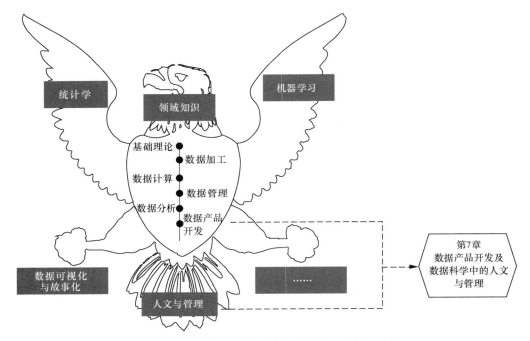

图 7-1　数据产品开发与数据科学中的人文与管理

7.2　数据产品及开发

数据产品（Data Products）指能够通过数据来帮助用户实现其某个（些）目标的产品。数据产品是在数据科学项目中形成，能够被人、计算机，以及其他软硬件系统消费、调用或使用，并满足某种需求的任何东西，包括数据集、文档、知识库、应用系统、硬件系统、服务、洞见、决策及它们的各种组合。"以数据为中心"是数据产品区别于其他类型产品的本质特征。

1. 数据产品研发的特征

数据产品的"以数据为中心"的特征不仅体现在"以数据为核心生产要素"，而且体现在其研发方法中，包括以下几点。

（1）**数据驱动**。数据产品开发的目的、方法、技术与工具的选择往往是由数据驱动的，而不再是传统产品开发中的常用的驱动方式，如目标、决策或任务驱动。

（2）**数据密集型**。数据产品开发的瓶颈和难点往往源自数据，而不再是计算和存储。也就是说，数据产品开发具有较为显著的计算密集型的特点。

（3）**数据范式**。数据产品的开发往往采用"基于数据的研究范式"，其方法论往往属于历史经验主义的范畴。然而，传统产品开发往往依赖"基于知识的研究范式"，其方法论通常属于理论完美主义的范畴。

2. 数据产品研发与数据柔术

数据产品开发的关键技术是数据柔术（Data Jujitsu）。数据柔术指将"数据"转换为"产品"的艺术。数据柔术是由帕蒂尔提出的一个术语。在他看来，数据产品开发与古代柔术（Jujitsu）有很多相似之处——借助对方的力量（而不是自己的力量）获得成功。因此，数据产品开发的难点在于"善于借助目标用户的力量来解决数据产品中的难题"。从目标与对象看，数据柔术属于数据处理方法。但是，与传统意义上的数据处理方法不同的是，数据柔术更加强调的是数据科学家的主观能动性、创造性思维和艺术设计能力。

> ### 知识链接
>
> Metromile 是 2011 年在美国旧金山成立的一家汽车保险机构。在传统汽车保险中，无论开车里程多或少，所交的汽车保费是固定不变的，这对于那些开车里程少的人明显不够公平。根据 Metromile 提供的数据显示，65% 的车主都支付了过高的保费以补贴少数开车里程更多的人。Metromile 提供的是按里程收费的汽车保险，以改变传统的固定收费模式，允许开车里程少的人支付更少的保费，实现里程维度上的个性化定价。Metromile 提供的车险由基础费用和按里程变动费用两部分组成，其计算公式为：每月保费总额=每月基础保费+每月行车里程×单位里程保费。其中，基础保费和单位里程保费会根据不同车主的情况有所不同（例如年龄、车型、驾车历史等），基础保费一般为 15～40 美元，按里程计费的部分一般是 2～6 美分/英里（1 英里= 1.609344 公里）。Metromile 还设置了保费上限，当日里程数超过 150 英里（华盛顿地区是 250 英里）时，超过的部分不需要再多交保费。之所以能够实现按里程计算保费，源于物联网等信息技术的应用。车主需要安装一个由 Metromile 免费提供的 OBD 设备 Metromile Pulse，以计算每次出行的里程数。配合手机 App，Metromile 还能为车主提供更多的智能服务，如最优的导航线路、查看油耗情况、检测汽车健康状况、汽车定位、一键寻找附近修车公司、贴条警示等服务，并且每月会通过短信或者邮件对车主的相关数据进行总结[①]。

通常，传统 IT 产品的开发遵循的是"三分技术、七分管理和十二分数据"的原则——技术固然很重要，但管理比技术还重要，数据更重要，因为数据比"技术+管理"还重要。数据产品开发中首先关注的是"数据"，也就是说，数据产品开发中"数据"比较重要；但是，智慧（数据产品开发的艺术）比"数据"还重要；最重要的是"用户体验"——"三分数据、七分智慧和十二分体验"原则，如图 7-2 所示。

"三分数据、七分智慧和十二分体验"原则反映了数据产品开发中应予以重视的 3 个基本问题。

---

① 晓保. Me tromile：更公平的车险[J]. 金融经济，2018(17):39-40.

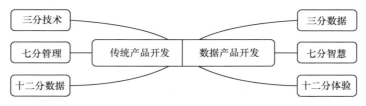

图 7-2　传统产品开发与数据产品开发的区别

（1）数据是数据产品开发的原材料。

（2）（数据科学家的）智慧是数据产品开发的主要增值来源。

（3）（用户的）体验是数据产品的主要评价指标。

7.3　数据科学的项目管理

数据科学项目应遵循一般项目管理的原则和方法，涉及范围、时间、成本、质量、风险、人力资源、沟通、采购及系统管理等 9 个方面的管理，如图 7-3 所示。

图 7-3　项目管理的主要内容

7.3.1　数据科学项目中的主要角色

数据科学项目涉及的**主要角色**有：项目发起人（Project Sponsor）、项目经理（Project Manager）、客户（Client）、数据科学家（Data Scientist）、数据工程师（Data Engineer）、操作员（Operations）等，如表 7-1 所示。

表 7-1　　　　　　　　　　　　　　数据科学项目中的主要角色及其任务

角色	描述
项目发起人（Project Sponsor）	项目的投资者，代表的是项目最终利益与目的
项目经理（Project Manager）	项目的实际管理者，包括项目范围、时间、成本、质量、风险、人力资源、沟通、采购及系统的管理
客户（Client）	项目的最终用户，代表的是项目的用户需求。同时，客户往往是数据科学项目中扮演领域专家的角色
数据科学家（Data Scientist）	负责项目发起人、经理、客户、数据工程师之间的有效沟通；负责数据管理策略以及数据处理方法与技术方案的选择；负责数据产品的研发，如数据处理结果的可视化等
数据工程师（Data Engineer）	负责在具体的软/硬件上部署和实施数据科学家提出的方法与技术方案
操作员（Operations）	负责管理软硬件系统和基础设施（如云平台等），例如系统管理员、硬件维护人员等

7.3.2　数据科学项目中的主要活动

从图 7-4 可以看出，数据科学项目是由"项目目标的定义"到"模式/模型的应用及维护"一系列双向互联的互动链条组成的循序渐进的过程，主要涉及的活动如下。

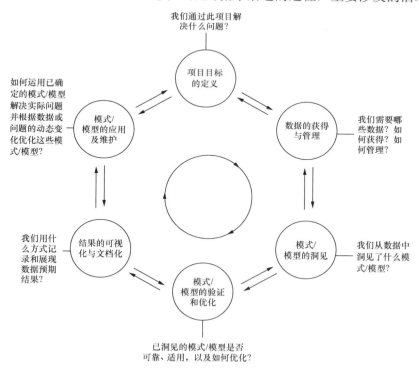

图 7-4　数据科学项目的基本流程[①]

————————

① 本图中的流程是作者在尼娜·祖梅尔（Nina Zumel）和约翰·芒特（John Mount）的数据科学项目流程（Stages of A Data Science Project）的基础上提出的。

1．项目目标的定义

主要回答的问题是"我们通过此项目解决什么问题"。项目目标的定义应符合 SMART 原则的要求，即具体（Specific）、可测量（Measurable）、可实现（Achievable）、相关（Relevant）和可跟踪（Traceable）。定义目标的前提是调查项目需求——问题域、研究假设与项目边界，尤其是项目干系人（Stakeholders）最关注的核心问题。需要注意的是，**项目干系人"最关注的问题"不一定是数据科学项目要解决的"最核心问题"**，其主要原因在于前者往往从业务视角提出上层应用问题，而后者是对前者进行深入研究后，从数据视角提出底层本质问题。

2．数据的获得与管理

主要回答的问题是"我们需要哪些数据？如何获得？如何管理"。在定义项目目标的基础上，进一步分析项目所需的数据及其属性，并判断其"可获得性"。如果"可获得"，需要"自己收集"还是"利用已有数据"？同时，我们还需要考虑是否需要进行数据加工、数据计算所需的平台，以及数据管理技术。

3．模式/模型的洞见

主要回答的问题是"我们从数据中洞见了什么模式/模型"。采用数据统计和机器学习的知识对数据进行分析与处理，挖掘数据中隐藏的有用的"信息"或（和）"知识"，为项目目的的实现提供"可能的解决方案"。

4．模式/模型的验证和优化

主要回答的问题是"已洞见的模式/模型是否可靠、可用，以及如何优化"。在洞见可能的解决方案——数据中隐藏的模式/模型之后，需要对其进行可靠性验证和可用性分析，分析我们已发现的模式/模型的信度和效度，并判断是否可用于解决项目的研究问题。当然，我们可以以已发现的模式/模型为基础，利用历史数据或新增数据，进一步优化模式/模型。

5．结果的可视化与文档化

主要回答的问题是"我们用什么方式记录和展现数据结果"。结果的可视化和文档化分别代表的是数据项目结果的可视化表达和文档化记录（包括故事化描述）。可视化和文档化方式的选择对于数据科学项目的成功，尤其是项目干系人的正确理解具有重要意义。

6．模式/模型的应用及维护

主要回答的问题是"如何运用已确定的模式/模型解决实际问题，并根据数据或问题的动态变化优化这些模式/模型"。在完成模型的验证和优化以及结果的预期表达方式的选择基础上，我们需要运用模型来解决现实世界的问题——项目干系人最关注的核心问题。

7.4　数据能力

从理论上讲，数据能力的评价方法有两种：评价结果（结果派）和评价过程（过程派）。根据软件工程等领域的经验，质量评价和能力评估中通常采用过程派的思想。在数据科学中，数据能力的评价也是采取过程评价方法。

数据管理成熟度（Data Management Maturity，DMM）模型是最为典型的数据能力评价方法。该模型由 CMMI®研究所于 2014 年推出，其设计沿用了能力成熟度集成模型（Capability Maturity Model Integration，CMMI）的基本原则、结构和证明方法。数据管理成熟度模型将机构数据管理能力定义为 5 个不同的成熟度等级，并将机构数据管理工作抽象成 6 个关键过程域，共 25 个关键过程，部分内容如图 7-5 所示。

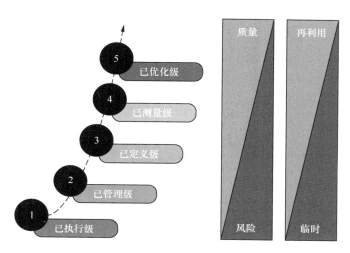

图 7-5　DMM 基本思路

7.4.1　关键过程域

在 DMM 模型中，"关键过程"是一系列为达到某既定目标所需完成的实践，包括对应的工具、方法、资源和人。DMM 给出了组织机构数据管理所需的 25 个关键过程（Key Process，KP），并将其进一步聚类成 6 个关键过程域（Key Process Area，KPA）：数据管理战略（Data Management Strategy）、数据治理（Data Governance）、数据质量（Data Quality）、数据操作（Data Operation）、平台与架构（Platform & Architecture）和辅助性过程（Supporting Processes），如图 7-6 和表 7-2 所示。

1. 数据管理战略

数据管理战略是组织机构科学管理其数据资源的重要前提。数据管理工作需要在统一的顶层设计和战略规划的框架下进行，因此组织机构的数据管理往往以制定数据战略为起点。DMM 中的关键过程域"数据管理战略"包括 5 个关键过程：数据战略制定（Data Management Strategy）、有效沟通（Communications）、数据管理职责（Data Management Case）、业务个案（Business Case）和资金供给（Funding）。

2. 数据治理

数据治理是确保数据战略顺利执行的必要手段。数据治理与数据管理战略的区别在于数据治理是"数据管理战略的管理"。DMM 中定义的关键过程域"数据治理"包括 3 个关键过程：治理管理（Governance Management）、业务术语表（Business Glossary）和元数据管理（Metadata Management）。

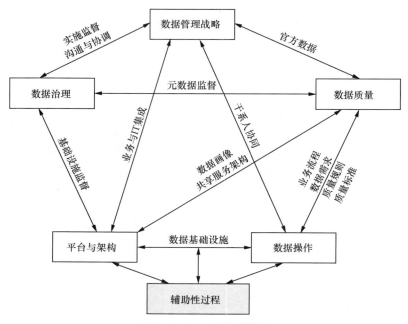

图 7-6 DMM 关键过程域

表 7-2 组织机构数据管理所需的关键过程

数据管理战略	数据治理	数据质量	数据操作	平台与架构	辅助性过程
• 数据战略制定 • 有效沟通 • 数据管理职责 • 业务个案 • 资金供给	• 治理管理 • 业务术语表 • 元数据管理	• 数据质量策略 • 数据画像 • 数据质量评估 • 数据清洗	• 数据需求定义 • 数据生命周期管理 • 供方管理	• 架构方法 • 架构标准 • 数据管理平台 • 数据集成 • 历史数据归档和保留	• 测量与分析 • 过程管理 • 过程质量保障 • 风险管理 • 配置管理

3. 数据质量

数据质量是组织机构数据管理的主要关注点，要求数据管理中的输入数据和输出数据的质量必须达到当前业务需求与未来战略要求。DMM 中定义的关键过程域"数据质量"包括 4 个关键过程：数据质量策略（Data Quality Stragegy）、数据画像（Data Profiling）、数据质量评估（Data Quality Assessment）、数据清洗（Data Cleansing）。

4. 数据操作

数据操作是组织机构数据管理的具体表现形式，需要明确定义组织机构数据操作的规范，并予以监督和优化。DMM 中定义的关键过程域"数据操作"包括 3 个关键过程：数据需求定义（Data Requirement Definition）、数据生命期管理（Data Lifecycle Management）、供方管理（Provider Management）。

5．平台与架构

平台与架构是组织机构数据管理的必要条件，为数据战略的实现提供统一的架构设计和平台实现。DMM 中定义的关键过程域"平台与架构"包括 5 个关键过程：架构方法（Architectural Approach）、架构标准（Architectural Standard）、数据管理平台（Data Management Platform）、数据集成（Data Integration），以及历史数据归档和保留（Historical Data Archiving and Retention）。

6．辅助性过程

辅助性过程虽不是数据管理的直接内容，但在组织机构数据管理工作中，尤其是在数据操作、平台和架构等关键过程域中扮演着辅助性角色，具有不可或缺的地位。DMM 中定义的关键过程域"辅助性过程"包括 5 个关键过程：测量与分析（Measurement and Analysis）、过程管理（Process Management）、过程质量保障（Process Quality Assurance）、风险管理（Risk Management）和配置管理（Configuration Management）。

7.4.2　成熟度等级

数据管理成熟度模型将组织机构的数据管理成熟度划分为 5 个等级，从低到高依次为：已执行级、已管理级、已定义级、已测量级、已优化级，并给出了每一等级的特征描述及其对数据重要性的基本认识，如图 7-7 所示。

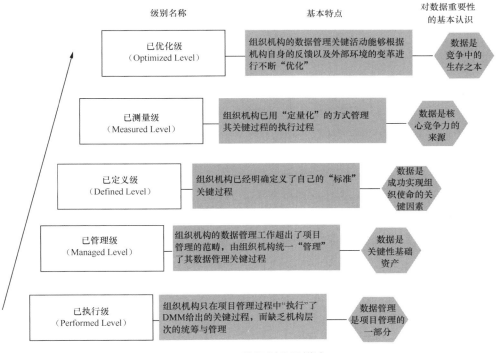

图 7-7　DMM 等级划分及描述

1. 已执行级（Performed Level）

组织机构只在个别项目的范围内"执行"了 DMM 给出的关键过程，但缺乏机构层次的统筹与管理。主要特点如下。

（1）在具体项目中，DMM 关键过程域中给出的关键过程已被执行，但随意性和临时性较大。

（2）DMM 关键过程的执行往往仅限于特定业务范畴，很少存在跨越不同业务领域的关键过程。

（3）缺少针对 DMM 关键过程的反馈与优化。以 DMM 关键过程中的"数据质量"为例，其数据管理工作可能过于集中在一个特定业务，如"数据修复活动"，并没有扩展到整个业务范围或并没有开展对数据修复活动本身的反馈与优化工作。

（4）虽然有可能已在特定业务过程中进行了基础性改进，但没有进行持续跟进，也未拓展到整个组织机构。

（5）组织机构没有统筹其数据管理工作，而数据管理工作局限在具体项目中，主要按照其具体项目的实施需求进行，如果一个具体项目中需要进行数据管理，可能执行 DMM 中给出的相关过程，反之亦然。

2. 已管理级（Managed Level）

组织机构的数据管理工作超出了项目管理的范畴，由组织机构统一"管理"了其数据管理关键过程。主要特点如下。

（1）关键过程的定义与执行符合组织机构数据战略的要求。

（2）组织机构聘请了数据管理相关的专业人士，员工的数据利用与数据生产行为有效。

（3）关键过程已拓展至相关干系人。

（4）对关键过程进行监督、控制和评估。

（5）关键过程的评估依据为该 DMM 中对过程的具体描述。

（6）组织机构已经意识到数据的重要性——数据是关键性基础资产，并开始对其实施"管理"，但其管理往往并不规范。

3. 已定义级（Defined Level）

组织机构已经定义了自己的"标准关键过程"。其主要特点如下。

（1）组织机构已明确给出了关键过程的"标准定义"，并定期对其进行改进。

（2）组织机构已提供了关键过程的测量与预测方法。

（3）关键过程的执行过程并不是简单或死板地执行组织机构给出的"标准定义"，而是根据具体业务进行一定的"裁剪"工作。

（4）数据的重要性已成为组织机构层次的共识，将数据当作成功实现组织机构使命的关键因素之一。

4. 已测量级（Measured Level）

组织机构已使用"定量化"的方式管理其关键过程的执行过程。主要特点如下。

（1）已构建了关键过程矩阵。

（2）已定义了变革管理的正式流程。

（3）已实现用定量化方式计算关键过程的质量和效率。

（4）关键过程的质量和效率的管理涉及其全生命周期。

（5）数据被认为是组织机构的核心竞争力的来源。

5．已优化级（Optimized Level）

组织机构的数据管理关键活动能够根据组织机构自身的反馈以及外部环境的变革进行动态"优化"。主要特点如下。

（1）组织机构能够对其数据管理关键过程进行持续性拓展和创新。

（2）充分利用各种反馈信息，推动关键过程的优化与业务成长。

（3）与同行和整个产业共享最佳实践。

（4）数据被认为是组织机构在不断变革的市场竞争环境中的持续生存之本。

7.4.3 成熟度评价

基于 DMM 模型的组织机构的数据管理能力成熟度水平的评价工作的实施，可以借鉴卡内基·梅隆大学软件工程研究院（Software Engineering Institute，SEI）建议的 IDEAL 模型，即 Initiating（初始化）、Diagnosing（诊断）、Establishing（建立）、Acting（行动）和 Learning（学习）参考模型，如图 7-8 所示。

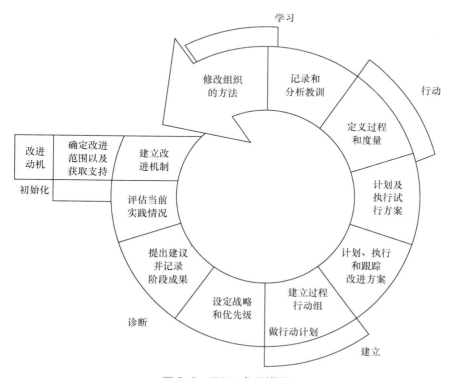

图 7-8 IDEAL 参考模型

（1）**初始化**。组织机构应为 DMM 的引入做好准备工作，确定组织机构为数据管理目标所进行的改进及其他内在联系。

（2）**诊断**。确定组织机构的数据管理过程成熟度的等级，主要活动是确定组织机构的数据管理能力的当前和期望状态，并拟定建议稿。

（3）**建立**。构建实现改进目标的具体步骤。主要活动包括设定数据管理改进活动的优先级、开发方法和规划行动。

（4）**行动**。实施上一建立阶段中设定的计划。主要活动包括解决方案的创建和实现。

（5）**学习**。改进数据管理能力的最后一个阶段，即分析数据管理改进过程中的经验教训，引入新的理论、方法和技术，进而增强自身的数据管理能力。

需要注意的是，能力成熟度评价的目的并不是给组织机构的数据管理现状进行"打分"，而在于"帮助组织机构改进其数据能力"，因此，数据能力的成熟度评价过程是一个螺旋式推进的过程，需要进行多轮的"评价-改进-评价"工作。另外，在数据能力的成熟度评价过程中，数据科学家应充分发挥"数据科学家的 3C 精神"——批判性地思考、创造性地做事和好奇性地提出问题，综合运用数据科学的理念、理论、方法、技术、工具和最佳实践。例如，CMMI 曾采用雷达图的方式给出了某机构数据管理能力的成熟度评价结果，如图 7-9 所示。

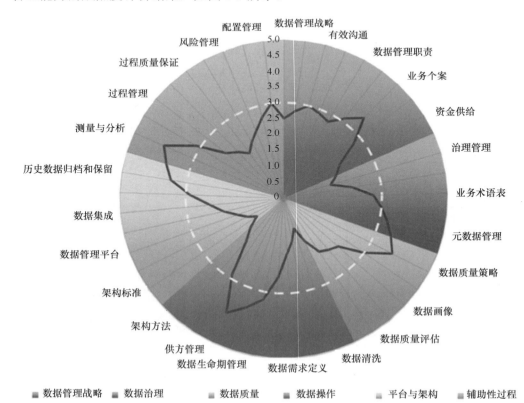

图 7-9　某组织机构数据管理能力成熟度评价结果的雷达图

7.5　数据治理

数据治理可以理解为对数据管理的管理。从 DMM 模型可以看出，数据治理是实现数据战略的重要保障。需要注意的是，数据管理和数据治理是两个不同的概念，其区别如图 7-10 所示。数据管理指通过管理"数据"实现组织机构的某种业务的目的。然而，数据治理指如何确保"数据管理"顺利、科学、有效地完成。

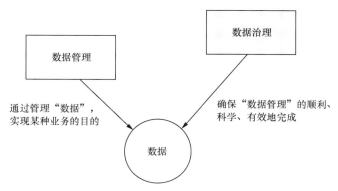

图 7-10　数据管理与数据治理的区别

7.5.1　主要内容

数据治理工作涉及数据管理工作的每一个环节，是一项全员参与的常规性工作，主要工作重点如下。

（1）**理解自己的数据**。首先，需要理解组织机构的数据，并明确其特征、类型、趋势、风险及价值，并进行安全等级划分，定义组织机构的主数据管理。图 7-11 是 IBM 提出的企业数据管理范畴中企业数据的主要类型。

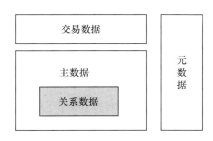

图 7-11　IBM 提出的企业数据管理范畴中企业数据的主要类型

① **交易数据**。用于记录业务事件，如客户的订单、投诉记录、客服申请等，往往描述某一个时间点上在业务系统中发生的行为。

② **主数据**。用于记录企业核心业务对象，如客户、产品、地址等。与交易流水信息不同，主数据一旦被记录到数据库，需要经常对其进行维护，从而确保其时效性和

准确性。主数据还包括关系数据，用以描述主数据之间的关系，如客户与产品的关系、产品与地域的关系、客户与客户的关系、产品与产品的关系等。

③ **元数据**。用于记录数据的数据，描述数据类型、数据定义、约束、数据关系、数据所处的系统等信息。

（2）**数据干系人的识别与分析**。明确组织机构的数据管理中各干系人，包括数据的生产者、采集者、保管方、利用者及间接利益相关方。数据干系人的正确识别是数据治理的重要前提。

（3）**数据部门的设立**。需要设立专门负责组织机构的数据管理工作的统一指挥部门，并明确其职责，在不同数据干系人之间建立有效沟通渠道。

（4）**行为规范的制定**。需要针对组织机构的不同业务的特殊性，明确给出较为详细的数据管理规范，如文档模板、数据词典、撰写文档要求等。主数据管理、商务智能、数据洞见是数据管理规范的重点内容。

（5）**数据管理方针和目标的确定**。进行数据治理工作时应按照组织机构的数据管理战略的要求，定期制定和更新阶段性的数据管理的方针与目标，确保组织数据管理的有效执行。

（6）**岗位职责的定义**。需要明确定义数据管理中各参与方的岗位职责，预防各种潜在风险，并设立责任倒查机制和弥补措施。

（7）**应急预案与应急管理**。数据治理的重要组成部分之一，需要明确规定各种可能的紧急事件及其具体应对方案。

（8）**等级保护与分类管理**。组织机构数据治理应对其数据、人员、技术、设备进行分类管理，并根据其安全和保密要求进行等级保护。

（9）**有效监督与动态优化**。进行组织机构数据治理工作时必须建立有效的监督机制，并根据监督中发现的问题与风险，不断优化其数据管理工作。

7.5.2 基本过程

数据治理并不是一次性工作，而是一个循序渐进的过程，主要包含计划、执行、检查和改进等基本活动，数据治理的 PDCA 模型如图 7-12 所示。

（1）**计划（Plan）**。确定数据管理方针和目的，明确组织机构的数据管理的目的、边界和工作内容。

（2）**执行（Do）**。根据数据管理计划，设计或选择具体的方法、技术、工具等解决方案，实现计划中的工作内容。

（3）**检查（Check）**。定期检查执行效果，进行绩效评估，并发现存在问题与潜在风险。

（4）**改进（Action）**。根据检查结果中发现的问题与风险，进一步改进自己的数据管理工作。

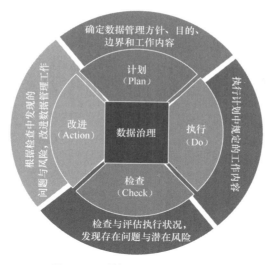

图 7-12　数据治理的 PDCA 模型

7.5.3　参考框架

数据治理研究所（The Data Governance Institute，DGI）成立于 2003 年，是世界上较早从事数据治理研究和实践的专业机构，并且是当今影响力较大的专业机构之一。该研究所提出的数据治理框架（The DGI Data Governance Framework）在数据治理领域具有很大的影响力。

DGI 认为数据治理是对数据相关的决策及数据使用权限进行控制的活动。它是一个在信息处理过程中根据模型来执行决策权和承担责任的系统，规定了谁可以在什么情况下对哪些信息做怎样的处理。图 7-13 所示为 DGI 数据治理框架。DGI 数据治理框架是用于分类、组织和传递复杂企业数据的逻辑框架。数据治理任务通常有 3 个部分。

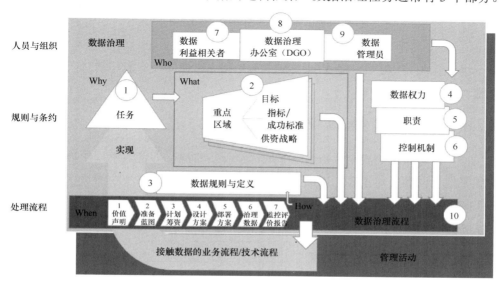

图 7-13　DGI 数据治理框架

（1）主动定义或序化规则。

（2）为数据利益相关者提供持续跨界的保护、服务。

（3）跨界的保护和服务，应对并解决因不遵守规则而产生的问题。

7.6 数据安全

通常，数据安全以计算机信息安全为主要组成部分的形式存在。计算机信息安全指信息系统（包括硬件、软件、数据、人、物理环境及其基础设施）受到保护，不因偶然的或者恶意的原因而遭到破坏、更改、泄露，系统连续、可靠、正常地运行，信息服务不中断，最终实现业务连续性。目前，人们对大数据安全普遍存在 3 种曲解。

1．数据安全只是技术问题

数据安全不仅是技术问题，还涉及管理问题。我们通常认为数据安全事件中，70% 的不安全事件来自管理上的漏洞，而 30% 的不安全事件来自技术上的缺陷。因此，管理是数据安全中不可忽略的重要问题，应将数据安全放在组织机构的数据战略、数据治理和数据管理中进行统一管理，应重视安全管理制度建设、安全机构设置、人员安全管理、系统建设管理和系统运维管理。

2．数据安全的主要威胁是外部入侵

据统计数据显示，70% 左右的数据安全事件来自内部人员（Insiders），而 30% 左右的数据安全事件是因为外部入侵。因此，数据安全中不仅不能忽略对内部人员的信息安全教育和管理，还要提高其信息安全意识与能力。

3．数据安全等同于数据保密

数据安全不等同于数据保密。通常，除数据保密——数据的机密性（Confidentiality）外，数据安全还包括完整性（Integrity）、可用性（Availability）、不可否认性（Non-Repudiation ）、鉴别（Authentication）、可审计性（Accountability）和可靠性（Reliability）等多个维度。在具体工作中，数据安全并不是独立存在的，一般与其对应信息系统的安全密切相关。

7.6.1 信息系统安全等级保护

目前，信息系统的安全保护普遍采取等级保护策略，即针对不同的攻击来源和保护对象采取不同的应对策略。以国家标准《信息安全技术网络安全等级保护基本要求（GB/T 22239—2019）》为例，其主要安全等级及其保护策略如表 7-3 所示。

表 7-3　　　　　　　　　　　　网络安全等级保护基本要求

等级	攻击来源	保护对象	应对要求
第 1 级	个人的、拥有很少资源的威胁源发起的恶意攻击，一般的自然灾难	关键资源	在系统遭到损害后，能够恢复部分功能

续表

等级	攻击来源	保护对象	应对要求
第 2 级	外部小型组织的、拥有少量资源的威胁源发起的恶意攻击，一般的自然灾难	重要资源	1. 能够发现重要的安全漏洞和安全事件； 2. 在系统遭到损害后，能够在一段时间内恢复部分功能
第 3 级	来自外部有组织的团体、拥有较为丰富资源的威胁源发起的恶意攻击，较严重的自然灾难	主要资源	1. 能够发现安全漏洞和安全事件； 2. 在系统遭到损害后，能够较快恢复绝大部分功能
第 4 级	国家级别的、敌对组织的、拥有丰富资源的威胁源发起的恶意攻击，严重的自然灾难	全部资源	1. 能够发现安全漏洞和安全事件； 2. 在系统遭到损害后，能够迅速恢复所有功能

大数据很难做到（或不存在）无条件的绝对安全，人们追求的是有条件的相对安全，数据安全保障是数据的保护者和攻击者之间的一个动态博弈过程。当攻击（或入侵）的代价超出数据本身的价值，或攻击（或入侵）所需要的时间超出数据的有效期时，入侵者一般不会采取攻击（或入侵）措施。

7.6.2　P²DR 模型

P²DR 模型是美国 ISS 公司提出的一种动态网络安全体系，认为网络安全是一种动态的、有条件的相对安全。P²DR 模型包括 4 个主要部分：策略（Policy）、防护（Protection）、检测（Detection）和响应（Response），如图 7-14 所示。其中，策略处于核心地位，为其他 3 个组成部分提供支持和指导，而保护、检测和响应为网络安全的 3 个基本活动。从相对安全角度看，P²DR 模型可以用以下公式表示。

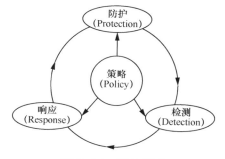

图 7-14　P²DR 模型

（1）当入侵所需时间大于 0，即 P_t 大于 0 时，$P_t > D_t + R_t$

其中，P_t、D_t 和 R_t 分别代表防护时间、检测时间和响应时间。

（2）当入侵所需时间等于 0，即 P_t 等于 0 时，$E_t = D_t + R_t$

其中，E_t 为数据的暴露时间。

7.7　数据偏见

在数据科学项目中，应避免偏见进则偏见出（Bias In Bias Out，BIBO）现象的出现。数据偏见的成因可能是有意的，也有可能是无意的，但均会造成数据科学项目的失败。数据偏见可能出现在数据科学流程的任何一个活动中，常见的数据偏见有以下几种。

7.7.1 数据来源选择偏见

有的数据工作者偏向于仅选择自己喜欢或熟悉的、对自己有利的数据来源，进行数据化和数据分析工作，导致数据科学项目失败于其起点。在数据来源的选择上，如果不做预调研和试验研究，仅根据常识或直觉选择数据来源时，经常会出现此类偏见，比较著名的是幸存者偏见（Survivorship Bias）。幸存者偏见指的是人们通常会注意到某种经过筛选之后所产生的结果，同时忽略这个筛选的过程，而被忽略的过程往往包含着关键性的信息。

1940 年左右，在英国和德国之间的空战中，双方都失去了很多轰炸机和飞行员。因此，当时英国军事部门研究的一个主要话题是：在飞机的哪一部分加厚装甲，可以提高飞机的防御能力并减少损失。当时的技术还不是很成熟，如果加厚一部分装甲，势必减少其他部分的装甲，否则会影响飞行的平稳度。因此，研究人员需要做出选择，为飞机最脆弱的部分增加装甲。

当时的英国军方研究了从欧洲大陆的空战中返回的轰炸机，其模型如图 7-15 所示，飞机上的弹孔主要集中在机身中央和机翼。因此研究人员提出，在这些部位添加装甲，以提高飞机的防御能力。而统计学家沃德认为，应当加厚座舱和机尾的装甲，减少机翼装甲。他提出，能够根据返航的飞机统计出机翼的损伤，这正说明机翼的受损对飞机的飞行并不致命。而大部分坠毁的轰炸机应当是座舱和机尾受到了严重损伤。想要减少坠毁率，必须加厚座舱和机尾的装甲。由于战况紧急，空军部长决定接受沃德的建议，立即加厚座舱和机尾的装甲。后来，英国轰炸机的坠毁率显著下降。

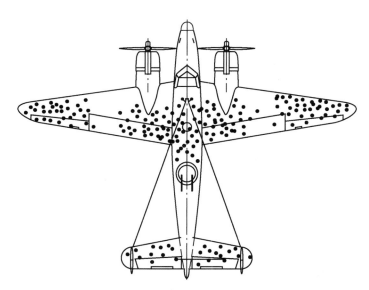

图 7-15 从欧洲大陆的空战中返回的轰炸机

7.7.2　数据加工和准备偏见

在数据加工和准备过程中,有的数据工作者偏向于将数据加工成对自己的观点(或研究结论/研究假设)有利的,过滤掉那些与自己的观点不一致的数据,表面上看是在用数据证明自己的观点,实际上是在找对自己观点有利的片段数据。

7.7.3　算法与模型选择偏见

在数据分析中,有的数据工作者偏向于直接套用常用的、已知的算法和模型,而不是根据数据本身的特点选择和论证算法/模型的信度和效度。算法和模型选择偏见的存在使数据工作者不想去学习新的算法和模型,习惯于套用自己擅长的算法/模型,导致"以不变应万变"这种方式带来了盲目性。A/B 测试起源于 Web 测试,是为 Web 或 App 界面或流程制作两个(A/B)或多个(A/B/n)版本,在同一时间维度,分别使属性或组成成分相同(相似)的两个或多个访客群组(目标人群)访问,收集各群组的用户体验数据和业务数据,最后分析、评估出最好的版本,将其正式采用。

A/B 测试是一种对比试验,准确地说是一种分离式组间试验,在试验过程中,我们从总体中随机抽取一些样本进行数据统计,进而得出对总体参数的多个评估。从统计学视角看,A/B 测试是假设检验(显著性检验)的一种应用形式。在进行 A/B 测试时,首先需要将问题形成一个假设,然后制定随机化策略、样本量,以及测量方法。

A/B 测试对有效避免数据加工和准备偏见以及算法/模型选择偏见具有重要借鉴意义。例如,卫报(*The Guardian*)的约会网站 Soulmates 通过每月付费订阅实现盈利。产品经理克丝汀通过 A/B 测试来优化 Soulmates 的关键绩效指标。克丝汀注意到大多数 Soulmates 登录入口页面的访客并没有转化为订阅者。基于研究她提出假设:提前展示更多现有用户的信息将增加订阅量。她做了 A/B 测试来验证这一点,测试包括一个添加了类似的个人资料、搜索功能和客户评价的变体登录页面,获胜的版本将订阅转化率提高了 46% 以上。

7.7.4　分析结果的解读和呈现上的偏见

在解读数据科学项目的最终结果时,数据工作者需要避免各种偏见出现,如过拟合、欠拟合现象,根据自己的爱好(而不是目标用户的爱好)进行数据可视化,根据自己的主观偏见(而不是忠于数据本身)进行数据解读与呈现,以及根据自己想要的结论修改数据或数据分析过程等。辛普森悖论(Simpson's Paradox)是概率和统计学中的一种现象,即几组不同的数据中均存在一种趋势,但当这些数据组合在一起后,这种趋势会消失或反转。例如,图 7-16 显示在总体上的调查样本的胆固醇水平随着运动时间的增长而呈现上升趋势。但是,当把调查样本按年龄段分组处理后,在每个年龄段内,胆固醇水平与运动时间的关系呈现反转趋势,即胆固醇水平随着运动时间的增长而呈下降趋势，如图 7-17 所示。

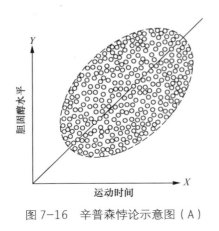

图 7-16　辛普森悖论示意图（A）　　　　图 7-17　辛普森悖论示意图（B）

当数据中存在多个单独分布的隐藏变量时，不当拆分会产生辛普森悖论。这种隐藏变量被称为潜伏变量，并且它们通常难以识别。而这种潜伏变量可能是采样错误或者数据领域本身属性造成的。如本例中，可能是由于我们的采样方法存在误差导致加权结果出现问题，不同大小的结石中对于不同方法的应用数量有较大的差异，没有做到正确地控制变量等。

7.8　数据伦理与道德

数据伦理与道德是大数据时代的重要话题，其中比较有代表性的问题如下。

1．算法歧视

算法歧视指算法设计、实现和投入使用过程中出现的各种"歧视"现象。根据路透社的报道，某公司曾于 2014 年开发了一套"算法筛选系统"，用来自动筛选简历，开发小组开发出了 500 个模型。但是久而久之，开发团队发现算法对男性应聘者有着明显的偏好，当算法识别出"女性"（Women and Women's）相关词汇的时候，便会给相应简历相对较低的分数，如女子足球俱乐部等。算法甚至会直接给来自于两所女校的学生降级。

2．数据攻击

最有代表性的数据攻击为谷歌炸弹（Google Bomb）。谷歌炸弹指人为恶意地构造锚文本，在搜索引擎中提高有关他人不利报道的文章或网页的点击率，即便这些文章或网站与搜索主题可能并不相关。谷歌炸弹大部分出于商业、政治或恶作剧等目的。其实现是基于搜索引擎排名算法中的两个事实：一个是外部链接是排名的重要因素之一；另一个是链接文字很多时候比链接数量更重要。因此，当有大量包含特定关键词的链接指向某一个网页时，即使该网页中并不包含这个关键词，排名也会非常靠前。需要注意的是，谷歌炸弹并非谷歌公司创造和操控，而是人们利用谷歌算法漏洞产生的。

3. 隐私保护

随着大数据时代的到来，隐私保护成为热门话题，得到社会各界的广泛关注。在数据科学项目中，需要注意保护用户隐私。隐私保护需要遵循相关的法律法规和伦理道德的要求。

7.9 继续学习本章知识

数据产品开发是学习和实践数据科学理论的主要抓手。本章主要介绍了数据产品的内涵与特征，继续学习本章知识应重视基于数据加工和数据柔术的数据产品开发的理论知识的学习和操作实践。数据思维是数据科学，尤其要注意数据产品开发与其他学科，如计算机科学中的软件产品开发的重要区别。因此，继续学习数据产品开发时也应注重培养自己的数据思维能力。

数据科学具有人文和管理属性，本章简要介绍了数据科学的项目管理、数据能力构建与评价、数据治理、数据安全、数据偏见、数据伦理和道德问题等。在后续研究中，需要进一步深入学习上述知识，并注重在实践中应用。在大数据时代，数据不仅是一种新的资源，更是一种重要资产，它涉及技术、经济、社会、法律、道德、伦理等多个领域。因此，我们应重视从跨学科视角学习和研究数据科学的理论知识与实践应用。

习　题

一、选择题

1. （　　）指数据资源及其应用过程中相关管控活动、绩效和风险管理的集合。

A．项目管理　　　　B．数据治理　　　　C．数据战略　　　　D．数据管理

2. （　　）指组织中需要跨系统、跨部门进行共享的核心业务实体数据。

A．核心数据　　　　B．业务数据　　　　C．主数据　　　　D．基础数据

3. DMM 给出了组织机构数据管理所需的 25 个关键过程，并将其进一步聚类成 6 个关键过程域（　　）、数据治理、数据质量、平台与架构、数据操作和辅助性过程。

A．数据管理战略　　B．数据存储　　　　C．数据控制　　　　D．主数据管理

4. DMM 中定义的关键过程域"数据质量"包括（　　）。

A．数据质量策略　　　　　　　　　　B．数据画像

C．数据质量评估　　　　　　　　　　D．数据清洗

5. 基于 DMM 模型的组织机构的数据管理能力成熟度水平的评价工作的实施可以借鉴 SEI 建议的（　　）。

A．SET 模型　　　B．IDEAL 参考模型　　C．SEI 模型　　　D．DIKW 模型

6．（　　）主要用于记录企业核心业务对象，如客户、产品、地址等，与交易流水信息不同，这种数据一旦被记录到数据库，需要经常对其进行维护，从而确保其时效性和准确性。

A．主数据　　　　　　B．关系数据　　　　　　C．元数据　　　　　　D．交易数据

7．数据治理任务通常包括（　　）。

A．主动定义或序化规则

B．为数据利益相关者提供持续跨界的保护、服务

C．应对并解决因不遵守规则而产生的问题

D．数据分析算法和模型的设计

8．（　　）指的是人们通常会注意到某种经过筛选之后所产生的结果，同时忽略这个筛选的过程，而被忽略的过程往往包含关键性的信息。

A．A/B 测试　　　　　B．大数据浮夸　　　　C．幸存者偏见　　　D．大数据偏见

9．（　　）起源于 Web 测试，是为 Web 或 App 界面或流程制作两个或多个版本，在同一时间维度，分别由属性或组成成分相同（相似）的两个或多个访客群组（目标人群）访问，收集各群组的用户体验数据和业务数据，最后分析、评估出最好版本，将其正式采用。

A．版本测试　　　　　B．A/B 测试　　　　　C．性能测试　　　　　D．属性测试

10．（　　）是概率和统计学中的一种现象，即几组不同的数据中均存在一种趋势，但当这些数据组合在一起后，这种趋势消失或反转。

A．辛普森悖论　　　　B．A/B 测试　　　　　C．幸存者偏见　　　D．大数据涌现

11．以下事件或行为中属于数据攻击的是（　　）。

A．Facebook 和剑桥分析公司的数据丑闻　　　B．谷歌炸弹

C．谷歌禽流感分析　　　　　　　　　　　　　D．大数据杀熟

二、调研与分析题

1．结合自己的专业领域或研究兴趣，调研该领域的数据产品开发方法、技术与工具。

2．分析 DMM 与 DAMA 数据管理知识体系（DAMA Guide to the Data Management Body of Knowledge，DAMA-DMBOK）的区别和联系。

3．学习国家标准《数据管理能力成熟度评估模型》，并分析与数据管理成熟度的异同。

[1] Alpaydin E. Introduction to machine learning [M]. Fifth edition. Cambridge: MIT press, 2020.

[2] Anderson C. Creating a data-driven organization [M]. O'Reilly Media, Inc., 2015.

[3] Anscombe F J. Graphs in statistical analysis[J]. The American Statistician, 1973, 27(1): 17-21.

[4] Baker M. Data science: Industry allure[J]. Nature, 2015, 520(7546): 253-255.

[5] Banker K. MongoDB in action[M]. New York: Manning Publications Co., 2011.

[6] Bengfort B, Kim J. Data analytics with Hadoop: an introduction for data scientists[M]. O'Reilly Media, Inc., 2016.

[7] Bertin J. Semiology of graphics: Diagrams, networks, maps [J]. Madison, WI: The University of Wisconsin Press, Ltd, 1983.

[8] Borthakur D, Gray J, Sarma J S, et al. Apache Hadoop goes realtime at Facebook[C]. Proceedings of the 2011 ACM SIGMOD International Conference on Management of data. ACM, 2011: 1071-1080.

[9] Bradley C. Boehmke. Data Wrangling with R[M]. Boehmke,2015.

[10] Bradshaw S, Brazil E, Chodorow K. MongoDB: The Definitive Guide: Powerful and Scalable Data Storage[M]. O'Reilly Media, Inc., 2019.

[11] Burkov A. The Hundred-Page Machine Learning Book[M]. Canada: Andriy Burkov, 2019.

[12] Chambers B, Zaharia M. Spark: the definitive guide: big data processing made simple[M]. O'Reilly Media, Inc., 2018.

[13] Davenport T H, Patil D J. Data scientist[J]. Harvard business review, 2012, 90: 70-76.

[14] Domingos P. A few useful things to know about machine learning[J]. Communications of the ACM, 2012, 55(10): 78-87.

[15] Donoho D. 50 years of data science[J]. Journal of Computational and Graphical

Statistics, 2017, 26(4): 745-766.

[16] Fasale A, Kumar N. YARN Essentials[M]. Birmingham: Packt Publishing Ltd, 2015.

[17] Ferrucci D A. Introduction to "this is watson"[J]. IBM Journal of Research and Development, 2012, 56(3.4): 1: 1-1: 15.

[18] García S, Luengo J, Herrera F. Data preprocessing in data mining[M]. New York: Springer, 2015.

[19] Garner H. Clojure for Data Science[M]. Birmingham: Packt Publishing Ltd, 2015.

[20] Géron A. Hands-on machine learning with Scikit-Learn and TensorFlow: concepts, tools, and techniques to build intelligent systems[M]. O'Reilly Media, Inc., 2017.

[21] Ghemawat S, Gobioff H, Leung S T. The Google file system[C].ACM SIGOPS operating systems review. ACM, 2003, 37(5): 29-43.

[22] Gollapudi S. Getting Started with Greenplum for Big Data Analytics[M]. Birmingham: Packt Publishing Ltd, 2013.

[23] Gondek D C, Lally A, Kalyanpur A, et al. A framework for merging and ranking of answers in DeepQA[J]. IBM Journal of Research and Development, 2012, 56(3.4): 14: 1-14: 12.

[24] Han J, Kamber M, Pei J. Data mining: concepts and techniques: concepts and techniques [M]. Elsevier, 2011.

[25] Harrington P. Machine learning in action[M]. New York: Manning Publications Co., 2012.

[26] Holmes A. Hadoop in practice[M]. New York: Manning Publications Co., 2012.

[27] Hurwitz J, Nugent A, Halper F, et al. Big data for dummies[M] Hoboken: John Wiley & Sons, 2013.

[28] Janssens J. Data Science at the Command Line: Facing the Future with Time-tested Tools[M]. O'Reilly Media, Inc., 2014.

[29] Jeff Leek.The Elements of Data Analytic Style[M]. Leanpub Book,2015.

[30] Johnson S. The ghost map: the story of London's most terrifying epidemic—and how it changed science, cities, and the modern world[M]. Penguin, 2006.

[31] Junqueira F, Reed B. ZooKeeper: Distributed Process Coordination[M]. O'Reilly Media, Inc., 2013.

[32] Kandel S, Heer J, Plaisant C, et al. Research directions in data wrangling: Visualizations and transformations for usable and credible data[J]. Information Visualization, 2011, 10(4): 271-288.

[33] Kazil J, Jarmul K. Data wrangling with Python: tips and tools to make your life easier[M]. O'Reilly Media, Inc., 2016.

[34] Keim D, Andrienko G, Fekete J D, et al. Visual analytics: Definition, process, and

challenges[M]. Berlin: Springer Berlin Heidelberg, 2008.

[35] Kelleher J D, Tierney B. Data science[M]. Cambrige: MIT Press, 2018.

[36] Khatri V, Brown C V. Designing data governance[J]. Communications of the ACM, 2010, 53(1): 148-152.

[37] Knaflic C N. Storytelling with data: a data visualization guide for business professionals [M]. Hoboken: John Wiley & Sons, 2015.

[38] Lam C. Hadoop in action[M]. New York: Manning Publications Co., 2010.

[39] Lazer D, Kennedy R, King G, et al. The parable of Google Flu: traps in big data analysis[J]. Science, 2014, 343(14).

[40] Levy S. Hackers: Heroes of the computer revolution[M]. New York: Penguin Books, 2001.

[41] Mackinlay J. Automating the design of graphical presentations of relational information [J]. Acm Transactions On Graphics (Tog), 1986, 5(2): 110-141.

[42] Marz N, Warren J. Big Data: Principles and best practices of scalable realtime data systems[M]. New York: Manning Publications Co., 2015.

[43] Mattmann C A. Computing: A vision for data science[J]. Nature, 2013, 493(7433): 473- 475.

[44] Mayer-Schönberger V, Cukier K. Big data: A revolution that will transform how we live, work, and think[M]. Boston: Houghton Mifflin Harcourt, 2013.

[45] McKinney W. Python for data analysis: Data wrangling with Pandas, NumPy, and Ipython（2nd edition）[M]. O'Reilly Media, Inc., 2017.

[46] Mike Barlow. Learning to Love Data Science[M].O'Reilly Media, Inc., 2015.

[47] Minelli M, Chambers M, Dhiraj A. Big data, big analytics: emerging business intelligence and analytic trends for today's businesses[M]. Hoboken: John Wiley & Sons, 2012.

[48] Osborne J W, Overbay A. Best practices in data cleaning[M]. Sage, 2012.

[49] Patil D J. Building data science teams[M]. O'Reilly Media, Inc., 2011.

[50] Patil D J. Data Jujitsu: the art of turning data into product[M]. O'Reilly Media, Inc , 2012.

[51] Paulk M C, Weber C V, Curtis B, et al. The capability maturity model: Guidelines for improving the software process[M]. Reading, Massachusetts: Addison-wesley, 1994.

[52] Pearl J, Mackenzie D. The book of why: the new science of cause and effect[M]. Basic Books, 2018.

[53] Provost F, Fawcett T. Data Science for Business: What you need to know about data mining and data-analytic thinking[M]. O'Reilly Media, Inc., 2013.

[54] Ramalho L. Fluent Python: clear, concise, and effective programming[M]. O'Reilly

Media, Inc., 2015.

[55] Robert Kabacoff . R in Action: Data Analysis and Graphics with R[M]. New York:Manning Publications Co., 2015.

[56] Sadalage P J, Fowler M. NoSQL distilled: a brief guide to the emerging world of polyglot persistence[M]. New York: Pearson Education, 2012.

[57] Schutt R, O'Neil C. Doing data science: Straight talk from the frontline[M]. O'Reilly Media, Inc., 2013.

[58] Steele J, Iliinsky N. Beautiful visualization: looking at data through the eyes of experts[M]. O'Reilly Media, Inc., 2010.

[59] Tansley, Stewart, and Kristin Michele Tolle.The fourth paradigm: data-intensive scientific discovery[M]. Redmond, WA: Microsoft Research, 2009.

[60] Thomas J J, Cook K A. Illuminating the Path: The R&D Agenda for Visual Analytics National Visualization and Analytics Center [J]. 2005.

[61] Tiwari S. Professional NoSQL[M]. Hoboken: John Wiley & Sons, 2011.

[62] Tom M. Mitchell. Machine learning[M]. Burr Ridge: McGraw Hill, 1997.

[63] Vaish G. Getting started with NoSQL[M]. Birmingham: Packt Publishing Ltd, 2013.

[64] VanderPlas J. Python data science handbook: essential tools for working with data[M]. O'Reilly Media, Inc., 2016.

[65] Ward M O, Grinstein G, Keim D. Interactive data visualization: foundations, techniques, and applications[M]. Florida: CRC Press, 2010.

[66] White T. Hadoop: The definitive guide(4th Edition)[M]. O'Reilly Media, Inc., 2015.

[67] Wickham H, Grolemund G. R for data science: import, tidy, transform, visualize, and model data[M]. O'Reilly Media, Inc., 2016.

[68] Wickham H. Tidy data[J]. Journal of Statistical Software, 2014, 59(10): 1-23.

[69] Wilkinson L. The grammar of graphics[M]. Springer Science & Business Media, 2006.

[70] William S, Stallings W. Cryptography and Network Security: Principles and Practice[M]. New York: Pearson Education India, 2013.

[71] Witten I H, Frank E. Data Mining: Practical machine learning tools and techniques[M]. San Francisco: Morgan Kaufmann, 2005.

[72] Yau N. Data points: Visualization that means something[M]. Hoboken: John Wiley & Sons, 2013.

[73] Yau N. Visualize this[M]. Hoboken: John Wiley & Sons, 2012.

[74] Zumel N, Mount J, Porzak J. Practical data science with R[M]. New York: Manning Publications co., 2014.

[75] 朝乐门. Python 编程：从数据分析到数据科学[M]. 北京：电子工业出版社，2019.

[76] 朝乐门. 数据科学[M]. 北京：清华大学出版社，2016.

[77] 朝乐门. 数据科学理论与实践[M]. 2 版. 北京：清华大学出版社，2019.

[78] 朝乐门，杜小勇，卢小宾. 云计算环境下的信息资源集成与服务[M]. 北京：清华大学出版社，2019.

[79] 陈为. 数据可视化[M]. 北京：电子工业出版社，2013.

[80] 董西成. Hadoop 技术内幕：深入解析 YARN 架构设计与实现原理[M]. 北京：机械工业出版社，2013.

[81] 贾俊平，何晓群，金勇进. 统计学[M]. 5 版. 北京：中国人民大学出版社，2012.

[82] 陆嘉恒. 大数据挑战与 NoSQL 数据库技术[M]. 北京：电子工业出版社，2013.

[83] 塞得拉吉，福勒. NoSQL 精粹[M]. 爱飞翔，译. 北京：机械工业出版社，2013.

[84] 汤姆·米切尔. 机器学习[M]. 曾华军，张银奎，译. 北京：机械工业出版社，2003.

[85] 王珊，萨师煊. 数据库系统概论[M]. 5 版. 北京：高等教育出版社，2014.

[86] 王万森. 人工智能[M]. 北京：人民邮电出版社，2011.

[87] 王昭等. 信息安全原理与应用[M]. 北京：电子工业出版社，2010.

[88] 周志华. 机器学习[M]. 北京：清华大学出版社，2016.

[89] 佐佐木达也. NoSQL 数据库入门[M]. 罗勇，译. 北京：人民邮电出版社，2012.